797,885 Books

are available to read at

www.ForgottenBooks.com

Forgotten Books' App
Available for mobile, tablet & eReader

ISBN 978-1-330-85371-9
PIBN 10114093

This book is a reproduction of an important historical work. Forgotten Books uses
state-of-the-art technology to digitally reconstruct the work, preserving the original format
whilst repairing imperfections present in the aged copy. In rare cases, an imperfection in
the original, such as a blemish or missing page, may be replicated in our edition. We do,
however, repair the vast majority of imperfections successfully; any imperfections that
remain are intentionally left to preserve the state of such historical works.

Forgotten Books is a registered trademark of FB &c Ltd.
Copyright © 2015 FB &c Ltd.
FB &c Ltd, Dalton House, 60 Windsor Avenue, London, SW19 2RR.
Company number 08720141. Registered in England and Wales.

For support please visit www.forgottenbooks.com

1 MONTH OF
FREE
READING

at

www.ForgottenBooks.com

By purchasing this book you are eligible for one month membership to ForgottenBooks.com, giving you unlimited access to our entire collection of over 700,000 titles via our web site and mobile apps.

To claim your free month visit:

www.forgottenbooks.com/free114093

* Offer is valid for 45 days from date of purchase. Terms and conditions apply.

Similar Books Are Available from
www.forgottenbooks.com

Practical Mechanics and Allied Subjects
by Joseph W. L. Hale

An Introduction to the Study of Electrical Engineering
by Henry Hutchison Norris

Mechanical Engineering for Beginners
by R. S. M'Laren

Lathe Work for Beginners
A Practical Treatise, by Raymond Francis Yates

Sanitary Engineering
by William Paul Gerhard

A Text-Book of Mechanical Drawing and Elementary Machine Design
by John S. Reid

Measuring Tools
by Unknown Author

The Design of Simple Roof-Trusses in Wood and Steel
With an Introduction to the Elements of Graphic Statics, by Malverd Abijah Howe

The Wonder Book of Engineering Wonders
by Harry Golding

Plain and Reinforced Concrete Hand Book
by William O. Lichtner

Principles and Design of Aëroplanes
by Herbert Chatley

The Practical Tool-Maker and Designer
by Herbert S. Wilson

Thread-Cutting Methods
by Franklin Day Jones

A Treatise on Lathes and Turning
Simple, Mechanical, and Ornamental, by W. Henry Northcott

Water-Supply Engineering
The Designing and Constructing of Water-Supply Systems, by Amory Prescott Folwell

The Strength of Materials
by J. A. Ewing

Practical Safety Methods and Devices, Manufacturing and Engineering
by George Alvin Cowee

Shop Practice for Home Mechanics
Use of Tools, Shop Processes, Construction of Small Machines, by Raymond Francis Yates

Skeleton Structures
Especially in Their Application to the Building of Steel and Iron Bridges, by Olaus Henrici

Steam Boilers
Design, Construction, and Management, by William Henry Shock

TECHNICAL VOCABULARY.

ENGLISH-FRENCH.

VOCABULAIRE TECHNIQUE.

FRANÇAIS-ANGLAIS.

VOCABULAIRE TECHNIQUE

ANGLAIS-FRANÇAIS

A L'USAGE DES

ÉLÈVES DES ÉCOLES SCIENTIFIQUES ET INDUSTRIELLES

PAR

Le Dr. F. J. WERSHOVEN,

Auteur des Vocabulaires techniques anglais-français et français-allemand,
etc.

LIBRAIRIE HACHETTE & Cᴵᴱ.
LONDON : 18, King William Street, Strand, W.C.
PARIS : 79, Boulevard St. Germain.
BOSTON : Karl Schoenhof.
1881.

TECHNICAL VOCABULARY

ENGLISH-FRENCH

FOR

SCIENTIFIC, TECHNICAL, AND INDUSTRIAL STUDENTS

BY

Dr. F. J. WERSHOVEN,

Author of the English and German, and French and German Technical Vocabularies, etc.

LIBRAIRIE HACHETTE & CIE.
LONDON: 18, KING WILLIAM STREET, STRAND, W.C.
PARIS: 79, BOULEVARD ST. GERMAIN.
BOSTON: KARL SCHOENHOF.
1881.

J. S. LEVIN, STEAM PRINTER,

2, MARK LANE SQUARE, GREAT TOWER

LONDON, E.C.

T10
W472

PREFACE.

The favourable reception universally accorded in Germany and elsewhere to Dr. Wershoven's "Vocabulaire technique français-allemand," and the "Technical Vocabulary, English and German," has induced the publishers to issue an edition of the same work in English and French.

It is hoped thus to supply those engaged or interested in the physical, mechanical, and chemical sciences, and in their applications to the various industrial arts, with a competent

L'accueil favorable que tout le monde a fait en Allemagne et dans différents pays au "Vocabulaire technique français-allemand" et au "Vocabulaire anglais-allemand," du Dr. Wershoven, a décidé les éditeurs à publier une édition du même ouvrage en anglais et en français.

Ils espèrent ainsi aider les personnes qui se livrent ou s'intéressent aux sciences mécaniques, physiques et chimiques dans leur application aux diffé-

aid to the study of the technical and scientific works and periodicals published in the two languages.

The Vocabulary will also be found useful in technical schools, and by visitors to international exhibitions.

rents arts industriels, et être d'un puissant secours à celles qui se livrent à l'étude des ouvrages techniques et scientifiques et des publications périodiques publiées dans les deux langues.

Les élèves des écoles scientifiques et les visiteurs des expositions internationales trouveront aussi ce vocabulaire d'une immense utilité.

CONTENTS.

PHYSICS.   MECHANICS.

MACHINERY, RAILWAYS, ARTS, AND MANUFACTURES.

PHYSICS. MECHANICS.

―――――

1.

General Notions.

NOTIONS GÉNÉRALES.

Matter, substance	La matière, la substance
the indivisible elements of bodies are called atoms	les éléments indivisibles des corps se nomment atomes
a group of atoms forms a molecule	un groupe d'atomes forme une molècule
particle	la particule
a simple body	un corps simple
a compound body	un corps composé
states of bodies	états des corps
solid state	l'état solide
liquid state	l'état liquide
gaseous state	état gazeux
a solid body	un corps solide
liquid	le liquide
gas	le gaz
fluid	le fluide

physical agents, natural forces	agents physiques, forces naturelles
a physical phenomenon	un phénomène physique
natural phenomena	des phénomènes naturels
a physical law	une loi physique
a hypothesis	une hypothèse
a theory	une théorie
the ether	l'éther
imponderable	impondèrable
law of the conservation of energy (*No.* 46.)	loi de la conservation des forces vives
an experiment	une expérience
to demonstrate by experiment, to verify experimentally	démontrer par l'expérience, vérifier expéri mentalement
an apparatus	un appareil
an instrument	un instrument
properties of bodies	propriétés des corps
general properties	propriétés générales
specific properties	propriétés particulières
extension, or magnitude	l'étendue
every body occupies a limited portion of space	tout corps occupe une portion limitée de l'espace
the vernier	le vernier
a graduated scale	une échelle graduée
the micrometer screw	la vis micrométrique
the cathetometer	le cathétomètre
the spherometer	.e sphéromètre
the volume	le volume
real, apparent volume	volume réel, apparent
impenetrability	l'impénétrabilité

divisibility
  the limit of divisibility
  the dividing machine
porosity
  an interstice
  porous
  the pore
  sensible pores
  physical pores

compressibility
  compressible
  pressure
  to compress
elasticity (*No.* 46.)
  perfectly elastic
  inelastic
  to resume (to regain) the
    original form
  the force which altered
    that form ceases to act
  a ball of ivory will
    rebound
  the limit of elasticity
dilatation ; contraction
  (*No.* 15.)
mobility (*No.* 2.)
inertia
  law of inertia
  a body cannot of itself
    change its own state of
    motion
fluidity

la divisibilité
  la limite de divisibilité
  la machine à diviser
la porosité
  un interstice
  poreux
  le pore
  pores sensibles
  pores physiques ou in-
    termoléculaires

la compressibilité .
  compressible
  la pression
  comprimer
l'élasticité
  parfaitement élastique
  non élastique
  reprendre la forme pri-
    mitive
  la force qui altérait cette
    forme cesse d'agir
  une bille d'ivoire rebondit

  la limite d'élasticité
la dilatation ; la contraction

la mobilité
l'inertie
  loi d'inertie
  un corps ne peut pas de
    lui-même changer son
    état de mouvement
la fluidité

density	la densité
dense	dense
hardness	la dureté
hard	dur
flexibility	la flexibilité
brittle	cassant
tenacity	la ténacité
tenacious	tènace
malleability	la malléabilité
malleable	mallèable
ductility.	la ductilité
molecular forces	forces moléculaires
attraction	l'attraction
repulsion	la répulsion
adhesion	l'adhésion
cohesion	la cohésion.

2.

Force and Motion.

FORCE ET MOUVEMENT.

Motion	Le mouvement
rest	le repos
to be at rest	ètre en repos
to be in motion	ètre en mouvement
to put in motion	mettre en mouvement
absolute, relative motion	mouvement absolu, relatif
the path or trajectory	la trajectoire
the space described	le chemin (ou l'espace parcouru

rectilinear, curvilinear motion
to move in a straight,
curved line
motion in a circle, central
motion
uniform, variable motion
to describe (un)equal
portions of space in
equal times
velocity
a velocity of 5 feet per
second
acceleration
to accelerate
retardation
to retard
uniformly accelerated motion
the spaces passed over are
proportional to the
squares of the times
occupied in the passage
initial velocity
mean velocity
to throw vertically upwards
a body projected horizontally or obliquely
a parabola
parabolic
angular velocity

mouvement rectiligne, curviligne
se mouvoir en ligne
droite, courbe
mouvement circulaire

mouvement uniforme, varié
parcourir en temps égaux
des espaces (in)égaux

la vitesse
une vitesse de 5 pieds
par seconde
l'accélération
accélérer
la retardation
retarder
mouvement uniformément
accéléré
les espaces parcourus sont
proportionnels aux carrés des temps employés
à les parcourir

la vitesse initiale
la vitesse moyenne
lancer verticalement de
bas en haut
un corps lancé horizontalement ou obliquement
une parabole
parabolique
vitesse angulaire

velocity of 100 revolutions a minute	vitesse de 100 tours **par** minute
a force	une force
rotation, rotatory motion	mouvement de rotation
alternate motion	mouvement de va-et-vient
to impart motion	imprimer un mouvement
instantaneous or impulsive force	force instantanée
continuous, constant force	force continue, constante
accelerating, retarding force	force accélératrice, retardatrice
an increase of velocity	un accroissement de vitesse
two forces neutralise each other	deux forces se neutralisent mutuellement
to be in equilibrium	être en équilibre, se faire équilibre
to represent a force by a straight line	représenter une force **par** une ligne droite
the point of application	le point d'application
to apply a force	appliquer une force
the direction	la direction
the same direction	la même direction
the contrary (opposite) direction	la direction contraire
the intensity	l'intensité
unit of force (*No.* 46.)	unité de force
composition, resolution of forces	la composition, la décomposition des forces
to compound	composer
the centre of the parallel forces	le centre des forces parallèles
the resultant	**la** rèsultante

the components (lateral forces)

les composantes

the principle of the parallelogram of forces

le théorème du parallélogramme des forces

    if two forces act on a point in different directions, their resultant will be represented in magnitude and direction by the diagonal of the parallelogram constructed on those forces

    la résultante de deux forces appliquées à un point, suivant des directions différentes, est représentée, en direction et en grandeur, par la diagonale du parallélogramme construit sur ces forces

the collision (or impact) of two bodies

le choc de deux corps

    direct, oblique impact

    choc direct, oblique.

3.

Gravity.

PESANTEUR.

Universal attraction
gravitation

L'attraction universelle
la gravitation

    the attraction between two bodies is directly proportional to the product of their masses and inversely proportional to the square of their distances

    les corps s'attirent proportionellement aux masses et en raison inverse du carré des distances

gravity
   a vertical line
   a horizontal (or level) plane
   the plumb-line
weight
   absolute, relative weight
   light ; heavy
   to weigh
specific gravity (*No.* 8.)
   the relation of the weight of a body to the weight of the same volume of distilled water at a temperature of 4° C.
the centre of gravity
   the point through which the resultant of the attractions of the earth on the molecules of the body always passes
   the centre of gravity of a triangle is in the line which joins any vertex with the middle of the opposite side, and at a distance from the vertex equal to two thirds of this side
equilibrium
   stable, unstable, neutral equilibrium

la pesanteur
   une ligne verticale
   un plan horizontal

   le fil à plomb
le poids
   poids absolu, relatif
   léger ; pesant
   peser
poids spécifique
   le rapport du poids d'un corps à celui d'un égal volume d'eau distillée et à 4 degrés au-dessus de zéro
le centre de gravité
   le point par lequel passe constamment la résultante des actions de la pesanteur sur les molécules de ce corps

   le centre de gravité d'un triangle est sur la ligne qui joint le sommet au milieu de la base et au tiers à partir de la base

l'équilibre
   équilibre stable, instable, indifférent

the point of support — le point d'appui

centrifugal force — la force centrifuge

 a body moving in a circle — un corps animé d'un mouvement circulaire

 it tends to fly from the axis of rotation — il tend à s'éloigner de l'axe de rotation

 the flattening of the earth at the poles — l'aplatissement de la terre aux pôles

the centripetal or central force — la force centripète.

4.

Lever. Balance.

LEVIER. BALANCE.

The lever — Le levier

 a straight or curved bar — une barre droite ou courbe

 it turns upon a fixed point — il tourne autour d'un point fixe

the fulcrum (or prop) — le point d'appui

the power — la puissance

 the weight, or resistance — la résistance

the arm — le bras de levier

 the power and weight will be in equilibrium when they are in the inverse ratio of their arms — la puissance et la résistance se font équilibre lorsqu'elles sont en raison inverse des bras de levier

straight lever — levier droit

bent lever	levier coudé
lever of the first (second) kind	levier du premier (second) genre
the balance	la balance
the beam	le fléau
a steel prism called a knife edge	un prisme d'acier qu'on nomme couteau
the sharp edge rests upon two supports of polished agate or steel	l'arète vive repose sur deux pièces polies d'agate ou d'acier
the axis of suspension	l'axe de suspension
the scales, scale pans	les plateaux ou bassins
the hook	le crochet
the oscillations of the beam	les oscillations du fléau
the needle or pointer	l'aiguille
a graduated arc	un arc gradué
the two arms of the beam ought to be precisely equal	les deux bras du fléau doivent ètre rigoureuse- ment égaux
a just, accurate balance	une balance juste, précise
accuracy	la précision
sensibility, delicacy	la sensibilité
delicate, sensible	sensible
the glass case	la cage de verre
the arrangement for lifting	l'appareil à fourchettes
the weighing	la pesée
to weigh	peser
the weights	les poids
the load	la charge
the method of double weighing	la méthode des doubles pesées
the ordinary or common balance	la balance ordinaire

the Roman balance, or steel-yard	la balance romaine
the weight slide	le curseur
weighing machine	balance de Quintenz, balance-bascule
the platform	la plate-forme, le pont
the weigh bridge	la bascule, le pont à bascule
the letter balance	le pèse-lettre
the bent lever	le peson
assay balance	balance d'essai.

5.

Fall of Bodies. Pendulum.

CHUTE DES CORPS. PENDULE.

The laws of falling bodies (*No. 2.*)	Les lois de la chute des corps
in a vacuum all bodies fall with equal rapidity	tous les corps, dans le vide, tombent également vite
a glass tube is suddenly reversed (inverted)	un tube de verre est retourné brusquement
the resistance of the air	la résistance de l'air
a body falling freely	un corps tombant librement
an inclined plane	un plan incliné
Morin's apparatus	appareil de Morin
a wooden frame-work	un bâti de bois
a tipper	un mentonnet
a string	une corde

a vane	une ailette
a toothed wheel (*No.* 48.)	une roue dentée
an endless screw	une vis sans fin
a pencil traces a curve	un crayon trace une courbe
a cylinder turning freely about its axis	un cylindre tournant librement autour de son axe
Attwood's machine	la machine d'Attwood
a fine silk thread passes over a pulley	un fil de soie délié s'enroule sur une poulie
a time-piece	un mécanisme d'horlogerie
the scale or rod	l'èchelle ou règle
the plate	le disque
a ring; annular	un anneau; annulaire
the stages	les curseurs
a fixing-screw	une vis de pression
the overweight, additional weight	le poids additionnel
the pendulum	le pendule
the simple or mathematical pendulum	le pendule simple
a material point suspended by a thread without weight	un point matériel suspendu par un fil sans poids
the compound or physical pendulum	le pendule composé
a lens-shaped metallic mass	une masse métallique lenticulaire
the rod	la tige
the bob	la lentille
the axis of suspension	l'axe de suspension

the axis of oscillation	l'axe d'oscillation
the length of the pendulum	la longueur du pendule
an oscillation, vibration	une oscillation
to oscillate	osciller
the time of vibration is proportional to the square root of the length	la durée des oscillations est proportionnelle à la racine carrée de la longueur
the amplitude	l'amplitude
an arc	un arc
small oscillations are isochronons	les petites oscillations sont isochrones
isochronism	l'isochronisme
a seconds' pendulum	un pendule à secondes
to beat seconds	battre la seconde
ballistic pendulum	pendule ballistique
conical pendulum (*No.* 46.	pendule conique
reversible pendulum	pendule à retournement
compensation pendulum	pendule compensateur
compensation piece	lame compensatrice
gridiron pendulum	pendule à gril
mercurial pendulum	pendule à mercure.

6.

Pressure and Equilibrium of Liquids.

PRESSION ET ÉQUILIBRE DES LIQUIDES.

The science of hydrostatics treats of the conditions of the equilibrium of liquids, and of the pressures they exert	L'hydrostatique traite des conditions d'équilibre des liquides et des pressions qu'ils exercent

hydrodynamics

hydraulics (*No*. 49, 50.)

the art of conducting and raising water

principle of the equality of pressure

the pressure exerted anywhere upon a liquid is transmitted undiminished in all directions

downward (upward) pressure

buoyancy

a column of liquid

the piezometer

the pressure on any given portion of the side of a vessel is equal to the weight of a column of liquid, which has this portion of the side for its base and whose height is the vertical distance from the centre of gravity of the portion to the surface of the liquid

the centre of pressure

the hydrostatic paradox

the pressure is independent of the shape of the vessel

to exert, to support a pressure

l'hydrodynamique

l'hydraulique

l'art de conduire et d'élever les eaux

principe d'égalité de pression

toute pression exercée sur un liquide se transmet en tous sens avec la même intensité

la pression de haut en bas (de bas en haut)

la poussée

une colonne liquide

le piézomètre

la pression sur une portion de paroi latérale est ègale au poids d'une colonne liquide qui aurait pour base cette portion de paroi et pour hauteur la distance verticale de son centre de gravitè à la surface libre du liquide

le centre de pression

le paradoxe hydrostatique

la pression est indépendante de la forme du vase

exercer, supporter une pression

the equilibrium of liquids	l'équilibre des liquides
the free surface is plane and horizontal	la surface libre est plane et horizontale
several heterogeneous liquids superposed, arrange themselves in the order of their decreasing densities from the bottom upwards	plusieurs liquides hétérogènes superposès se disposent par ordre de densités croissantes de haut en bas
the phial of four elements	la fiole des quatre éléments
communicating vessels	vases communiquants
the same horizontal plane	le mème plan horizontal
to be in the inverse ratio of the densities	ètre en raison inverse des densités
to be inversely as the densities	ètre inversement proportionnel aux densités
the two legs of a bent glass tube	les deux branches d'un tube coudé
capillary phenomena	phénomènes capillaires
capillarity	la capillarité
the capillary tube	le tube capillaire
the curvature of liquid surfaces in contact with solids	la courbure des surfaces liquides au contact des solides
ascension	l'ascension
depression	la dépression
the liquid is raised upwards against the side	le liquide se relève vers le bord
it is depressed	il se déprime
to moisten	mouiller
dipped in water	plongé dans l'eau
the ascent of sap in plants	l'ascension de la sève dans les plantes

endosmose	l'endosmose
the endosmometer	l'endosmomètre
exosmose	l'exosmose
diffusion ; dialysis	la diffusion ; la dialyse
absorption	l'absorption
imbibition	l'imbibition
effusion	l'effusion
occlusion	l'occlusion
transpiration	la transpiration
the efflux of liquids	l'écoulement des liquides
water issues from a lateral orifice .	l'eau s'écoule par un orifice latéral
the velocity of efflux	la vitesse d'écoulement
the fluid vein	la veine fluide
a contracted vein, *vena contracta*	une veine contractée
a jet of water	un jet d'eau
the actual (theoretical) discharge or amount	la dépense effective (théorique)
to fit an ajutage	adapter un ajutage
the friction	le frottement
the knee, elbow	le coude
the coefficient of discharge	le coefficient de dépense
Mariotte's bottle	le flacon de Mariotte
the watercourse	le cours d'eau
the hydraulic tourniquet, or Barker's mill	le tourniquet hydraulique
the hydrometrical pendulum	le pendule hydrométrique
Woltmann's mill or wheel	le moulinet de Woltmann
the pole	la tige
the beam	l'arbre

a rod	une tringle
a projection	une saillie
toothed wheels (*No.* 48.)	roués dentées
the vanes	les ailettes.

7.

Hydraulic Press. Syphon. Water-Level. Artesian Well.

PRESSE HYDRAULIQUE.   SIPHON.   NIVEAU D'EAU.   PUITS ARTÉSIEN.

The hydraulic press	La presse hydraulique
the press-ram	le piston compresseur
a cast-iron plate	un plateau de fonte
the follower, or pressing table	le plateau mobile
the head of the frame	le plateau fixe
four iron columns	quatre colonnes de fer
the material to be pressed	l'objet à comprimer
a force-pump (*No.* 12.)	une pompe foulante
the safety-valve	la soupape de sûreté
a leaden pipe communicates with the pump	un tuyau de plomb communique avec la pompe
the lever, the handle	le levier, la poignée
the piston drives the water into the tube	le piston refoule l'eau dans le tuyau
the leather collar	le cuir embouti
saturated with oil	imbibé d'huile
impervious to water	imperméable à l'eau
it prevents the escape of water	il s'oppose à la fuite de l'eau

it fits tightly against the sides of the cylinder	il s'applique fortement contre les parois du cylindre
the syphon	le siphon
the shorter leg is dipped in the liquid	la petite branche est plongée dans le liquide
to exhaust the air	faire le vide, aspirer l'air
to transfer liquids	transvaser des liquides
the intermittent syphon, or Tantalus's cup	le siphon intermittent ou vase de Tantale
an intermittent fountain	une fontaine intermittente
Hero's fountain	la fontaine de Héron
the water-level	le niveau d'eau
a tube bent at both ends	un tube coudé à ses deux extrémités
placed on a tripod	disposé sur un trépied
levelling (*No.* 56.)	nivellement
the spirit level is more delicate and accurate	le niveau à bulle d'air est plus sensible et plus précis
a brass case	un étui de cuivre
a bubble of air	une bulle d'air
a slightly curved glass tube	un tube de verre légèrement courbè
the Artesian well	le puits artésien
the earth's crust	l'écorce terrestre
a stratum (pl. strata), a layer	une couche
(im)permeable	(im)perméable
the rain-water filters through the soil	les eaux des pluies s'infiltrent à travers les terrains
to feed the well	alimenter le puits.

8.

Principle of Archimedes. Hydrometer.

PRINCIPE D'ARCHIMÈDE.   ARÉOMÈTRE.

Buoyancy	La poussée
the principle of Archimedes	le principe d'Archimède
a body immersed in a liquid loses a part of its weight equal to the weight of the displaced liquid	un corps plongé dans un liquide perd une partie de son poids égale au poids du liquide déplacé
the hydrostatic balance	la balance hydrostatique
a hollow, solid cylinder	un cylindre creux, plein
immersion	l'immersion
floating	la flottaison
equilibrium of floating bodies	équilibre des corps flottants
the draught of a ship	le déplacement d'un navire
the metacentre	le métacentre
the Cartesian diver	le ludion
the swimming-bladder	la vessie natatoire
swimming	la natation
an areometer, a hydrometer	un aréomètre
weight-areometer, hydrometer of variable weight	aréomètre à (volume constant et à) poids variable
scale-areometer, hydrometer of variable volume	aréomètre à (poids constant et à) volume variable

the determination of specific gravity	la détermination du poids spécifique
Nicholson's hydrometer	l'aréomètre de Nicholson
the float	le flotteur
a hollow metal cylinder	un cylindre creux de métal
a cone	un cône
the stem	la tige
the pan	le plateau
to add weights	lester l'appareil
the standard point, mark	le point d'affleurement fixe
hydrometer of variable volume	aréomètre à volume variable
Beaumè's hydrometer	l'aréomètre de Beaumé
a glass tube	un tube de verre
the graduation	la graduation
a graduated scale	une échelle graduée
he centesimal alcoholometer	l'alcoolomètre centèsimal
the salimeter	le pèse-sel
the lactometer	le pèse-lait
the vinometer	le pèse-vin
the oleometer	le pèse-huile, l'oléomètre
the acidometer	le pèse-acide
the urinometer	le pèse-urine
the densimeter	le densimètre.

9.

Atmosphere. Barometer. Manometer.

ATMOSPHÈRE. BAROMÈTRE. MANOMÈTRE.

Gas

Le gaz

expansibility, tension, or elastic force

l'expansibilité, la force expansive

a permanent gas

un gaz permanent

vapour

la vapeur

gases possess weight

les gaz sont pesants

Mariotte's law

la loi de Mariotte

the volume of a given quantity of gas is inversely as the pressure

le volume d'une masse donnée de gaz est en raison inverse de la pression

the density of a gas is proportional to its pressure

la densité d'un gaz est proportionnelle à la pression qu'il supporte

the atmosphere

l'atmosphère

the layer of air which surrounds our globe

la couche d'air qui enveloppe notre globe

a mixture of oxygen and nitrogen

un mélange d'oxygène et d'azote

aqueous vapour

de la vapeur d'eau

carbonic acid

acide carbonique

rarified air

l'air raréfié

rarefaction

la raréfaction

atmospheric pressure

la pression atmosphérique

the Magdeburg hemispheres

les hèmisphères de Magdebourg

Toricelli's experiment — l'expérience de Toricelli
  a glass tube 80 centimeters long — un tube de verre long de 80 centimètres
  closed at one end — fermé à l'une de ses extrémités

  to fill with pure mercury — remplir de mercure pur
  the tube is inverted — en retourne le tube
  the open end is placed in a mercury trough — on plonge l'extrémité ouverte dans une cuvette pleine de mercure

  the Toricellian vacuum — le vide de Toricelli
  the mercurial column — la colonne de mercure
  the pressure of the atmosphere sustains the mercury in the tube — la pression atmosphérique soutient le mercure dans le tube
  it is equal to that exerted by a column of mercury the height of which is 30 inches — elle équivaut à celle exercée par une colonne de mercure de 76 centimètres
the pressure on a square inch of surface is equal to 14.7 pounds — la pression sur un centimètre carré est de 1033 grammes
the barometer — le baromètre
the cistern barometer — le baromètre à cuvette
  a scale graduated in millimeters — une échelle graduée en millimètres
syphon barometer — baromètre à siphon
  the two branches or legs of a bent tube — les deux branches d'un tube recourbé
wheel barometer — baromètre à cadran
the correction for temperature — la correction de température

the barometric height — la hauteur barométrique

  it varies — elle varie

the mean daily height — la hauteur moyenne diurne

monthly height — hauteur mensuelle

mean height at the level of the sea — hauteur moyenne au niveau de la mer

the mean — la moyenne

barometric variations — variations barométriques

daily (accidental) variations — variations diurnes (accidentelles)

a minimum ; the maxima — un minimum ; les maxima

the barometer rises, falls — le baromètre monte, baisse

the measurement of heights, measuring altitudes — la mesure des hauteurs

the aneroid barometer — le baromètre anéroïde

  pocket aneroid barometer — baromètre anèroïde de poche

the manometer — le manomètre

open-air manometer — manomètre à air libre

compressed-air manometer — manomètre à air comprimé

mercury manometer — manomètre à mercure

Bourdon's metallic manometer — manomètre métallique de Bourdon

barometric manometer, or differential barometer — manomètre barométrique ou baromètre différentiel.

10.
Air Balloon.
AÉROSTAT.

The principle of Archimedes applies to gases (*No.* 8.) — Le principe d'Archimède est applicable aux gaz

the baroscope	le baroscope
the force of the ascent	la force d'ascension
it is equal to the excess of the buoyancy over the weight of the body	elle est égale à l'excès de la poussée sur le poids du corps
an air balloon	un aérostat, un ballon
the envelope	l'enveloppe
a sphere ; spherical	une sphère ; sphérique
the volume	le volume
the superficies	la surface
the radius; the diameter	le rayon ; le diamètre
bands of silk sewed together	des fuseaux de taffetas cousus ensemble
to cover with caoutchouc varnish	enduire d'un vernis au caoutchouc
to render air-tight	rendre imperméable à l'air
the safety valve	la soupape de sûrété
closed by a spring	fermé par un ressort
to open by means of a cord	ouvrir à l'aide d'une . corde
it allows gas to escape	elle donne issue au gaz
the net, net-work	le filet
the wicker-work boat or car suspended from ropes	la nacelle d'osier suspendue par des cordes
the accessories, appendages	les accessoires
to fill with hydrogen gas	remplir d'hydrogène
coal gas	gaz d'éclairage, gaz de houille
to inflate	gonfler
the gas expands, dilates	le gaz se dilate
to rise, to ascend	s'élever, monter
to descend	descendre

the ascent	l'ascension
the descent	la descente
to float in the **air**	flotter dans les airs
the ballast	le lest
the sand-bags	les sacs pleins de sable
the grappling iron	l'ancre
captive balloon	ballon captif
the parachute	le parachute
an aërial voyage	un voyage aérien
to guide the balloon	guider le ballon
a current of air	un courant d'air
an aëronaut	un aéronaute

aërostation, aërial naviga-
   tion
	l'aérostation, la navigation
	   aérienne.

11.

Air-Pump.

MACHINE PNEUMATIQUE.

The air-pump	La machine pneumatique
to produce a vacuum	faire le vide
to rarefy the air	raréfier l'air
rarefaction	la raréfaction
a plate	une plate-forme
cylinder, piston, **etc.**	cylindre, piston, etc.
(*No.* 12.)	
a rack (*No.* 48.)	une crèmaillère
the pinion	le pignon
the handle	la poignée

a crank	une manivelle
a leather disc	une rondelle de cuir
to saturate with oil	imbiber d'huile
to pierce	percer
perforated by a channel	traversé par une tubulure
a valve (*No.* 12.)	une soupape
a rod passes through the piston	une tige traverse le piston
it is lifted through a small distance	elle est soulevée d'une petite hauteur
a tube or pipe	un tuyau, un conduit
to effect (to close, to cut off) a communication	établir (interrompre) la communication
the cock	le robinet
to turn the stopcock	tourner le robinet
doubly-exhausting stop cock	robinet à double épuisement
the plate, the table	la platine
an orifice	un orifice
the receiver	le récipient
the action of the machine to work	le jeu de la machine fonctionner
the air escapes into the atmosphere	l'air s'échappe dans l'atmosphère
double-acting pump	machine à double effet
the (air-pump) gauge	l'éprouvette, le baromètre tronqué
mercurial air-pump, mercury pump	pompe pneumatique à mercure
condensing pump	pompe de compression
the compressed air	l'air comprimé
the air-gun	le fusil à vent

the diving-bell	la cloche de plongeur, la cloche à plonger
the diver	le plongeur
a diving apparatus	un appareil de plongeur
the mercurial rain	la pluie de mercure
a bladder distends	une vessie se gonfle
the bursting bladder	le crève-vessie
the Magdeburg hemispheres	les hèmisphères de Magdebourg
a flame is extinguished	une flamme s'éteint
substances liable to ferment are kept without alter ation in hermetically closed cases	les substances fermentescibles se conservent sans altération dans des boites hermétiquement closes.

12.

Pumps.

POMPES.

A pump	Une pompe
it serves to raise water	elle sert à élever l'eau
by suction	par aspiration
by pressure	par pression
suction pump	pompe aspirante
force pump	pompe foulante
suction and forcing pump	pompe aspirante et foulante
the barrel	le corps de pompe
the cylinder	le cylindre
the cover	le couvercle

the stuffing-box	la boite à étoupes
the bottom	le fond
the piston	le piston
it slides with gentle friction	il glisse à frottement doux
the stroke (*No.* 52.)	la course, le coup **du** piston
the length of the stroke	la longueur de course
the piston rises, ascends	le piston s'élève
it descends	il descend
a reciprocating motion	un mouvement de va-et-vient
the piston is at the bottom of its course	le piston est au bas de sa course
the packing	la garniture
to wrap with tow	garnir d'étoupes
hemp-packed piston	piston à garniture de chanvre
the hemp packing	la garniture de chanvre, l'étoupage
metallic piston	piston métallique
full piston, solid piston	piston plein
the piston-rod	la tige du piston
the plunger	le piston plongeur
the valve	la soupape
the seat	le siège
the valve-box or chamber	la boîte à soupape, **la** chapelle
the clack-valve	la soupape à clapet
a metal disc	un disque métallique
turning on a hinge	mobile autour d'une charnière
the edge of the orifice	le bord de l'orifice

to open upwards	ouvrir de bas en haut
to open, to close (or intercept) the communication	établir, interrompre (ou intercepter) la communication
conical valve	soupape conique
the cone	le cône
the spindle (bolt) passes through an iron loop	la tige (le boulon) traverse une bride de fer
ball clack	soupape à bouiet
the wire guards	le museau
double-seat valve	soupape à double siège
throttle valve	soupape à gorge
slide-valve (*No.* 52.)	le tiroir
suction valve	la soupape d'aspiration
forcing valve	la soupape de refoulement
suction tube	le tuyau d'aspiration
it dips into the water	il plonge dans l'eau
to fetch the pump	amorcer la pompe
the air escapes	l'air s'échappe, se dégage
the spout	le dégorgeoir
the discharge (*No.* 6.)	la dépense
the forcing pipe, ascending or discharge pipe	le tuyau d'ascension
the water is forced into the tube	l'eau est refoulée dans le tuyau
the pump-handle, pump-brake	le levier, la brimbale
the fire-engine	la pompe à incendie
steam fire-engine	pompe à vapeur pour incendie
the tank	la bâche
the air-chamber	le réservoir d'air
the lever	le balancier

the hose	le tuyau
the pipe	la lance
a continuous jet	un jet d'eau constant
to let the engine play	faire jouer la pompe
the firemen	les pompiers
the fire-brigade	le corps des sapeurs pompiers
a fire-escape	un appareil de sauvetage
plunger pump	pompe à piston plongeur
lifting pump	pompe élévatoire
centrifugal pump	pompe à force centrifuge
rotative or rotary pump	pompe à rotation
double-acting pump	pompe à double effet
the chain-pump (No. 49.	le chapelet.

13.

Acoustics.

ACOUSTIQUE.

Acoustics	L'acoustique
sound	le son
noise	le bruit
a sensation excited in the organ of hearing	une sensation excitée dans l'organe de l'ouïe
the tympanum	le tympan
a sonorous body	un corps sonore
a vibration*	une vibration double ou complète*

* As understood in England and Germany, a *vibration* comprises a motion to *and* fro ; in France, on the contrary, a vibration means a movement to *or* fro.

a semi-vibration — une vibration simple
  the motion to or fro — l'allèe ou le retour
  a rapid vibratory motion — un mouvement vibratoire rapide

the propagation of sound — la propagation du son
  to propagate, to transmit — propager, transmettre
  conductibility — la conductibilité
  sounds are not propagated in vacuo — le son ne se propage pas dans le vide
  an elastic medium — un milieu élastique
an undulation — une onde sonore
the condensed wave — l'onde condensée
the expanded wave — l'onde dilatée
  spherical wave — onde sphérique
the length of the undulation — la longueur de l'onde
the amplitude of vibrations — l'amplitude des vibrations
the co-existence of waves — la coexistence des ondes
the intensity of sound — l'intensité du son
  it is inversely as the square of the distance — elle est en raison inverse du carrè de la distance
  intense — intense
to strengthen sound — renforcer le son
the use of sounding boxes in stringed instruments — l'emploi des caisses sonores dans les instruments à cordes

to vibrate in unison — vibrer à l'unisson
the velocity of sound — la vitesse du son
reflection of sound (*No.* 19.) — réflexion du son
an echo — un écho
  a monosyllabic, dissyllabic, multiple echo — un écho monosyllabique, dissyllabique, multiple
the speaking tube — le tube parlant

the speaking trumpet	le porte-voix
the bell	le pavillon
the ear trumpet	le cornet acoustique
to be hard of hearing	avoir l'oreille dure
the stethoscope	le stéthoscope
the limit of perceptible sounds	la limite des sons perceptibles
Savart's toothed wheel	la roue de Savart
the syren	la sirène
a cylindrical box	une caisse cylindrique
a fixed plate	un plateau fixe
the disc ; the rod	le disque ; la tige
equidistant holes	des trous équidistants
inclined in the opposite direction	inclinés en sens contraire
a current of air strikes obliquely against the sides	un courant d'air frappe obliquement les parois
it imparts a rotary motion to the disc	il imprime au disque un mouvement de rotation
a series of effluxes and stoppages	une suite d'écoulements et d'arrêts
an endless screw	une vis sans fin
the turn	la révolution
the needle, index	l'aiguille
the dial	le cadran
the bellows	le soufflet
the wind-chest	le sommier
the pedal	la pédale
graphic method	méthode graphique
an undulated tracing	un trait ondulé
the phonautograph	le phonautographe
manometric flames	flammes manométriques

a resonator	un résonnateur
a tuning-fork	un diapason
the vibration of rods	la vibration des verges
longitudinal, transverse vibration	vibration longitudinale, transversale
the vibration of plates	la vibration des plaques
a nodal line	une ligne nodale.

14.

Musical Tones.

SONS MUSICAUX.

Musical tone	Le son musical, le ton
pitch	la hauteur
acute; grave	aigu; grave
intensity	l'intensité
timbre, or stamp	le timbre
the primary tone	le son fondamental
the harmonics	les (sons) harmoniques
Helmholtz's resonance globe	le (globe) résonnateur de Helmholtz
the musical scale	l'échelle musicale
the diatonic scale or gamut	la gamme diatonique
chromatic	chromatique
the harmonic triad	l'accord parfait
the major chord, minor chord	l'accord majeur, mineur
a tone	un ton plein
a semitone	un demi-ton
an interval	un intervalle

a comma	un comma
an octave	une octave
the third, the fifth, the seventh	la tierce, la quinte, la septième
to sharpen, to flatten a note	diéser, bémoliser une note
the sharp; the flat	le dièse; le bémol
the natural	le bécarre
C sharp, C flat	ut dièse, ut bémol
the clef	la clef
treble clef, or G clef	clef de sol
bass clef, or F clef	clef de fa
the staff, or stave	la portée
the bar	la barre de mesure
to keep time	observer la mesure
a semibreve; a minim	une ronde; une blanche
a crotchet	une noire
a quaver	une croche
a semiquaver	une double croche
a tuning-fork	un diapason
a bent steel rod	une verge d'acier recourbée
to be in unison	être à l'unisson
a string	une corde
a stringed instrument	un instrument à cordes
wind instrument	instrument à vent
to stretch, the tension	tendre, la tension
the bridge	le chevalet
the bow	l'archet
the sonometer or monochord	le sonomètre ou monocorde
the node	le nœud
the nodal line	la ligne nodale

the loop	le ventre
the beat	le battement
an organ pipe	un tuyau d'orgue
open, stopped pipe	tuyau ouvert, fermé
sounding tube	tuyau sonore
a reed pipe	un tuyau à anche
the tongue	la languette
the free reed	l'anche libre
beating reed	anche battante
the tuning wire	la rasette
a mouth pipe	un tuyau à bouche
the mouthpiece	l'embouchure
the foot	le pied
the mouth	la bouche
the upper (under) lip	la lèvre supérieure (inférieure)
the wind-way	la lumière.

15.

Heat. Heating.

CHALEUR. CHAUFFAGE.

Heat	La chaleur
the theory of emission	la théorie de l'émission
theory of undulation, undulatory theory	théorie des ondulations
thermodynamics	la thermodynamique
mechanical theory of heat	théorie mécanique de la chaleur

transformation (conversion) of heat into mechanical work	la transformation de la chaleur en travail mécanique
the mechanical equivalent	l'équivalent mécanique
internal (external) work	travail intérieur (extérieur)
sensible heat	chaleur sensible
latent heat	chaleur latente
dilatation, expansion	la dilatation
to dilate, to expand	(se) dilater
dilatable	dilatable
linear, cubical expansion	dilatation linéaire, cubique
Gravesande's ring	l'anneau de Gravesande
absolute, apparent expansion	dilatation absolue, apparente
contraction	la contraction
to contract	(se) contracter
an increase of volume	un accroissement de volume
the pyroscope	le pyroscope
a metal rod	une tige (ou barre) métallique
the coefficient of linear expansion	le coefficient de dilatation linéaire
the elongation of the unit of length of a body when its temperature rises from zero to 1 degree	l'allongement que prend l'unité de longueur lorsque la température s'élève de zéro à 1 degré
calorimetry	la calorimétrie
the quantity of heat	la quantité de chaleur
the thermal unit	l'unité de chaleur
to determine the specific heat	déterminer la chaleur spécifique

the calorific capacity, capacity for heat — la capacité calorique

the method of the fusion of ice — la méthode de la fusion de la glace

the ice calorimeter — le calorimètre de glace

method of mixtures — méthode des mélanges

method of cooling — méthode du refroidissement

latent heat of fusion — chaleur latente de fusion

heat of vaporisation — chaleur de vaporisation

good, bad conductor — bon, mauvais conducteur

to conduct heat — conduire la chaleur

badly conducting substance — corps peu conducteur

the conductivity or conducting power — le pouvoir conducteur

to increase (to decrease) in arithmetical (geometrical) progression — croître (décroître) en progression arithmétique (géométrique)

the radiation of heat — le rayonnement (ou la radiation) de la chaleur

radiant heat — chaleur rayonnante

to radiate heat — émettre de la chaleur

the nocturnal radiation — le rayonnement nocturne

a thermal ray, a ray of heat — un rayon de chaleur, un rayon calorifique

luminous (obscure) ray — rayon lumineux (obscure)

the radiating or emissive power — le pouvoir émissif ou rayonnant

the radiometer — le radiomètre

the mobile equilibrium of temperature — l'équilibre mobile de température

the surrounding air	l'air ambiant
the surrounding medium	l'enceinte
reflection	réflexion
burning mirror	miroir ardent
refraction	réfraction
absorption	absorption

(No. 19.)

the absorbing (absorptive) power	le pouvoir absorbant
to transmit	transmettre, laisser passer
diathermancy	la diathermanéité
diathermanous	diathermane
athermanous	athermane
sources of heat	sources de chaleur
mechanical, physical, chemical sources	sources mécaniques, physiques, chimiques
friction (No. 46.)	le frottement
the flint and steel, tinder-box	le briquet à pierre
pressure and percussion	pression et percussion
the pneumatic syringe	le briquet à air
the piston is suddenly plunged downwards	on enfonce brusquement le piston
the compressed air ignites the tinder	l'air comprimé enflamme l'amadon
solar radiation	la radiation solaire
terrestrial heat	la chaleur terrestre, la chaleur centrale
the layer of constant (invariable) temperature	la couche invariable
Döbereiner's lamp	le briquet à mousse de platine
spongy platinum	la mousse de platine
platinum black	le noir de platine

heat is disengaged in chemical combinations (*No.* 32.)	les combinaisons chimiques sont accompagnées d'un dégagement de chaleur
combustion (*No.* 36.)	la combustion
animal heat	la chaleur animale
heating	le chauffage
a heating apparatus	un appareil de chauffage
the fuel (*No.* 38.)	le combustible
calorific effect	effet calorifique
the draught	le tirage
an exhaust apparatus	un exhausteur
a blast apparatus	une soufflerie
the flue	le renard
the damper	le registre
the hearth	le foyer, la sole de combustion
the space (room) to be heated	l'espace à chauffer
the chimney	la cheminée
the grate (*No.* 52.)	la grille
the ash-pit	le cendrier
heating dwelling-houses	le chauffage des habitations
heating by stoves	chauffage par les poèles
an iron stove	un poèle en fer
fire-clay stove	poèle en argile cuite
compound stove	poèle mixte
the tube	le tube
the flues	les carneaux
heating by hot air	chauffage par l'air chaud
heating by flues	chauffage par des carnaux
hot-water heating	chauffage à l'eau chaude

high-pressure heating	hot-water	chauffage à haute pression
steam heating		chauffage à la vapeur
gas heating		chauffage au gaz.

16.

Thermometer.

THERMOMÈTRE.

The temperature	La température
the thermometer	le thermomètre
mercurial thermometer	thermomètre à mercure
a capillary tube	un tube capillaire
the bulb	le réservoir
cylindrical or spherical	cylindrique ou sphérique
the stem	la tige
the division of the tube into parts of equal capacity, the calibration	la division du tube en parties d'ègale capacité
the diameter	le diamètre
a thread of mercury must occupy the same length	une colonne de mercure doit occuper la même longueur
filling the thermometer	le remplissage du thermo-mètre
a funnel	un entonnoir
to expel the air; it escapes	chasser l'air ; il s'échappe
to heat with a spirit lamp	chauffer avec une lampe à alcool
to allow to cool	laisser refroidir

the graduation — la graduation
 to graduate — graduer
determination of the fixed points — détermination des points fixes
the freezing point, or zero — le point de congélation ou zéro
 melting (pounded) ice — de la glace fondante (pilèe)
the boiling point — le point d'èbullition
the degree — le degré
the division is continued below zero — on continue les divisions au-dessous de zéro
the thermometer is at (shows) 15 degrees of heat — le thermomètre marque 15 degrés de chaleur
it is at 3 degrees below (above) zero — il est à 3 degrés au-dessous (au-dessus) de zéro
 a degree of heat, of cold — un degré de chaleur, de froid

the scale — l'èchelle
 thermometric scale — échelle thermométrique
 centigrade scale — échelle centigrade
 to convert into Réaumur degrees — convertir en degrés Rèaumur
the displacement of zero — le déplacement de zèro
the zero tends to rise — le zéro tend à se relever
a delicate thermometer — un thermomètre sensible
 the delicacy — la sensibilité
 to indicate small changes of temperature — accuser de très petites variations de tempèrature
 it quickly assumes the temperature of the surrounding air — il se met promptement en équilibre avec l'air ambiant

standard thermometer	thermomètre étalon
alcohol thermometer	thermomètre à alcool
minimum thermometer	thermomètre à mimma
maximum thermometer	thermomètre à maxima
the mercury pushes the index before it	le mercure pousse devant lui l'index
Bréguet's metallic thermometer	thermomètre métallique de Bréguet
founded on the unequal expansion of metals	fondé sur l'inégale dilatabilité des métaux
the metallic ribbon (strip)	le ruban métallique
to coil in a spiral form	contourner en hélice
to unwind itself	se dérouler
weight thermometer	thermomètre à poids
electrical thermometer	thermomètre électrique
air thermometer	thermomètre à air
differential thermometer	thermomètre différentiel
the thermoscope	le thermoscope
a pyrometer	un pyromètre.

17.

Fusion. Solidification. Ebullition. Hygrometer.

FUSION.   SOLIDIFICATION.   ÉBULLITION.   HYGROMÈTRE.

Fusion	La fusion
the passage from the solid into the liquid state	le passage de l'état solide à l'état liquide
to fuse ; fusible	fondre ; fusible
fusibility	la fusibilité

refractory	réfractaire
fire-brick	pierre réfractaire
melting point, fusing point	le point de fusion
the heat of fusion	la chaleur de fusion
the solution	la dissolution
to dissolve	dissoudre
solidification	la solidification
to solidify	(se)solidifier
crystallisation	la cristallisation
the crystal	le cristal
crystalline	cristallin
to crystallise	cristalliser
(un)crystallisable	(in)cristallisable
by the dry (moist) way	par voie sèche (humide)
congelation	la congèlation
the freezing point	le point de congèlation
water expands on freezing	l'eau augmente de volume en se congelant
it has its maximum density at 4° C.	elle atteint son maximum de densité à 4 degrés C.
ice floats on the surface	la glace flotte à la surface
the expansive force	la force expansive
the regelation	la regélation
two pieces of ice freeze into one	deux morceaux de glace se soudent ensemble
a freezing mixture	un mélange réfrigérant
an ice (ice-making) machine	une glacière
sulphate of sodium	sulfate de soude
hydrochloric acid	acide chlorhydrique
dilute nitric acid	acide azotique étendu
the vaporisation	la vaporisation
the vapour	la vapeur
a volatile liquid	un liquide volatil

a fixed liquid	un liquide fixe
aqueous vapour	vapeur d'eau
evaporation	l'évaporation
to evaporate	s'évaporer
a slow production of vapour at the surface	une production lente de vapeur à la surface
ebullition, or boiling	l'ébullition
a rapid production of bubbles of vapour in the mass of the liquid itself	une production rapide de vapeur, en bulles, dans la masse même du liquide
the singing	le bruissement
the temperature of ebullition	la température d'ébullition
it increases with the pressure	elle augmente avec la pression
it remains constant	elle reste constante
the hypsometer or thermo-barometer	le thermomètre hypsométrique
cold due to evaporation	froid dû à l'évaporation
the cryophorus	le cryophore
an alcaraza	un alcaraza
to accelerate the evaporation	accélérer l'évaporation
the spheroidal state	l'état sphéroïdal
Papin's digester	la marmite de Papin, le digesteur
a closed vessel	un vase clos
the cover ; the screw	le couvercle ; la vis
the safety valve	la soupape de sûreté
saturated vapour	la vapeur saturée
saturation	la saturation

a space saturated with vapour	un espace saturé de vapeur
the maximum of tension	le maximum de tension
the liquid in excess	le liquide en excès
liquefaction or condensation	la liquéfaction ou condensation
to condense	condenser
cooling	le refroidissement
to cool	refroidir
dry, moist air	l'air sec, humide
the deposit	le dèpôt, le précipité
to deposit	se dèposer
hygrometry	l'hygrométrie
the hygrometric state, or degree of saturation	l'ètat hygrométrique ou fraction de saturation
the hygrometer	l'hygromètre
the dew point	le point de rosée
chemical hygrometer	hygromètre chimique
condensing hygrometer	hygromètre à condensation
hygrometer of absorption	hygromètre à absorption
Daniell's hygrometer	l'hygromètre de Daniell
two glass bulbs	deux boules de verre
a glass tube bent twice	un tube deux fois recourbè
to cover with muslin	envelopper de mousseline
to drop ether upon it	verser dessus, goutte à goutte, de l'éther
the psychrometer or wet bulb hygrometer	le psychromètre
the hygroscope	l'hygroscope
a twisted string of catgut untwists	une corde à boyau tordue se détord

hair hygrometer | hygromètre à cheveu
  a brass frame | un cadre de cuivre jaune
  a hair fastened in a clamp | un cheveu maintenu par une pince
  it passes round a pulley | il s'enroule sur une poulie

  the needle | l'aiguille
  the graduated scale | l'échelle graduée
  the hair elongates | le cheveu s'allonge
  it contracts | il se raccourcit.

18.

Light.   Polarisation.

LUMIÈRE.   POLARISATION.

Optics | L'optique
light | la lumière
the emission theory | la théorie d'émission
undulatory theory | la théorie des ondulations
  the ether | l'éther
  transverse vibrations | des vibrations transversales

  a wave | une onde lumineuse
  the wave-length | la longueur d'ondulation
a luminous body | un corps lumineux
  to emit light | émettre de la lumière
  the luminosity | la luminosité
transparent or diaphanous | transparent ou diaphane
  to transmit light | laisser passer la lumière
translucent | translucide

opaque

the luminous ray

the luminous pencil

parallel, divergent, con
vergent

propagation of light

in every homogeneous
medium light is propa-
gated in a right line

a shadow

umbra, complete shadow

the penumbra

images through small aper-
tures

they are inverted

to receive the luminous
rays upon a screen

they cross one another

the velocity of light

the intensity is inversely
as the square of the
distance from the source
of light

the illuminated surface
rays received obliquely.

the photometer

fluorescence

phosphorescence
spontaneous

opaque

le rayon lumineux

un faisceau (un pinceau)
lumineux

parallèle, divergent, con-
vergent

la propagation de la lu-
mière

dans tout milieu homogène,
la lumière se propage
en ligne droite

une ombre

ombre pure

la pènombre

images au travers de
petites ouvertures

elles sont renversées

recevoir les rayons lu-
mineux sur un écran

ils se croisent

la vitesse de la lumière

l'intensité est en raison
inverse du carré de la
distance à la source
lumineuse

la surface éclairée
des rayons reçus obli-
quement

le photomètre

la fluorescence

la phosphorescence
spontanée

by insulation	par insolation
the phosphoroscope	le phosphoroscope
interference	l'interférence
diffraction	la diffraction
the fringes	les franges
the grating	le réseau
colours of thin plates	couleurs des lames minces
Newton's rings	anneaux de Newton
bright (dark) rings	anneaux brillants (obscurs)
the polarisation of light	la polarisation de la lumière
polarised light	lumière polarisée
by reflection, by refraction (*No.* 19.)	par réflexion, par réfraction
the polarising angle	l'angle de polarisation
the plane of polarisation	le plan de polarisation
the extra(ordinary) ray	le rayon (extra)ordinaire
uniaxial, biaxial crystals	cristaux à un axe, à deux axes
Iceland spar	le spath d'Islande
tourmaline	la tourmaline
the saphire; the ruby	le saphir; le rubis
ferrocyanide of potassium	le prussiate de potasse
emerald; quartz	l'émeraude; le quartz
the optic axis	l'axe optique
a principal section	une section principale
coloured rings	anneaux colorés
the refractive index	l'indice de réfraction
double refraction	double réfraction
rotatory (circular) polarisation	polarisation rotatoire (circulaire)
right-handed or dextrogyrate	dextrogyre

left-handed, or lœvogy rate	lévogyre
the rotatory power	le pouvoir rotatoire
an (in)active liquid	un liquide (in)actif
a tourmaline plate	une lame de tourmaline
the tourmaline pincette	la pince à tourmaline
to fit in a blackened copper disc	enchâsser dans un disque de cuivre noirci
a double refracting prism of Iceland spar	une prisme biréfringent de spath d'Islande
Nicol's prism	le prisme de Nicol
an (un)silvered mirror	une glace (non) étamée
the polariser	le polariseur
the analyser	l'analyseur
Soleil's saccharimeter	le saccharimètre de Soleil
a brass tube tinned inside	un tube de cuivre étamé intérieurement
the support, the foot	le support
the amplitude of an angle	l'amplitude d'un angle
the transition tint	la teinte de passage
a scale	une échelle
the vernier	le vernier
the compensator; to compensate	le compensateur; compenser
a lens (*No.* 19.)	une lentille.

19.

Reflection. Refraction. Mirrors. Prism. Lens.

RÉFLEXION. RÉFRACTION. MIROIRS. PRISME. LENTILLE.

Reflection	La réflexion
the angle of reflection is equal to the angle of incidence	l'angle de réflexion est égal à l'angle d'incidence

E

the incident ray	le rayon incident
the reflected ray	le rayon réfléchi
the normal	la normale
diffusion	la diffusion
scattered, diffused light	la lumière diffuse
the mirror	le miroir
a polished surface	une surface polie
plane mirror	miroir plan
the image is formed at an equal distance behind the mirror	l'image se fait derrière le miroir à une distance égale
on the perpendicular let fall from the given point on the mirror	sur la perpendiculaire abaissée du point donné sur le miroir
of the same size as the object	de même grandeur que l'objet
an image	une image
real image	image réelle
virtual image	image virtuelle
symmetrical	symétrique
inverted; erect	renversée; redressée
multiple images	images multiples
the kaleidoscope	le kaléidoscope
concave mirror	miroir concave
a curved surface	une surface courbe
the curve	la courbe
convex mirror	miroir convexe
spherical mirror	miroir sphérique
concave spherical mirror	miroir sphérique concave
the centre of curvature, or geometrical centre	le centre de courbure
the centre of the figure	le centre de figure
the principal axis	l'axe principal

the secondary axis	l'axe secondaire
the aperture	l'ouverture
the principal or meridional section	la section principale
the focus (*pl.* foci)	le foyer
the principal focus	le foyer principal
the conjugate foci	les foyers conjugués
the focal distance	la distance focale
spherical aberration	aberration de sphéricité
the caustic	la caustique
parabolic mirror generated by the revolution of the arc of a parabola round its axis	miroir parabolique engendré par la révolution d'un arc de parabole autour de son axe
the heliostat; the heliotrope	l'héliostat; l'héliotrope
the goniometer	le goniomètre
reflecting sextant (*No.* 56.)	sextant à réflexion
refraction of light	réfraction de la lumière
luminous rays undergo a deflection (bending) in passing obliquely from one medium to another	les rayons lumineux éprouvent une déviation lorsqu'ils passent obliquement d'un milieu dans un autre
the refracted ray	le rayon réfracté
the sine of the angle of refraction	le sinus de l'angle de réfraction
the refringent (refracting) medium	le milieu réfringent
single refraction	réfraction simple
double refraction (*No.* 18.)	double réfraction
the index of refraction, or refractive index	l'indice de réfraction

the ratio between the sines of the incident and refracted angles	le rapport entre les sinus des angles d'incidence et de réfraction
total reflection	réflexion totale
the critical angle	l'angle limite
refrangibility	la réfrangibilité
the refractive power	la puissance réfractive
mirage	le mirage
the prism	le prisme
right-angled prism	prisme rectangulaire
triangular prism	prisme triangulaire
the edge	l'arête
two plane faces inclined to each other	deux faces planes inclinées l'une sur l'autre
the summit	le sommet
the base	la base
the principal section	la section principale
the emergent ray	le rayon émergent
the angle of deviation	l'angle de déviation
the minimum deviation	la déviation minimum
the polyprism	le polyprisme
prism with variable angle	prisme à angle variable
a lens	une lentille
converging lens	lentille convergente
diverging lens, dispersing lens	lentille divergente
double convex, plano-convex	biconvexe, plan-convexe
converging concavo-convex	concave-convexe convergente

double concave, plano-concave, diverging concavo-convex	biconcave, plan-concave, concave-convexe divergente
the meniscus	le ménisque
the optical centre	le centre optique
focus, etc. (*see* mirror)	foyer, etc. (*voyez* miroir)
the laryngoscope	le laryngoscope
achromatic lens	lentille achromatique
the iridescent (coloured) edges	les bords irisés
échelon or light-house lenses	lentilles à échelons
a light-house	un phare.

20.

Solar Spectrum. Spectrum Analysis.

SPECTRE SOLÀIRE. ANALYSE SPECTRALE.

Dispersion	La dispersion
the solar light	la lumière solaire
the decomposition of white light	la décomposition de la lumière blanche
to decompose	décomposer
dispersive	dispersif
the tints of the rainbow	les teintes de l'arc-en-ciel
the colours are unequally refrangible	les couleurs sont inégalement réfrangibles
recomposition of white light	récomposition de la lumière blanche
Newton's disc	le disque de Newton
simple colour	couleur simple
complementary colour	couleur complémentaire
homogeneous light	lumière homogène

primitive or primary light	lumière primitive
properties of the solar spectrum	propriétés du spectre solaire
luminous, calorific, chemical properties	propriétés lumineuses, calorifiques, chimiques
chemical or actinic rays	les rayons chimiques
continuing rays	rayons continuateurs
phosphorogenic spectrum	spectre phosphorogénique
to render luminous in the dark	rendre lumineux dans l'obscurité
the extra or ultra-red rays	rayons ultra-rouges
the thermal curve	la courbe thermique
the thermal spectrum	le spectre calorifique
spectrum analysis	l'analyse spectrale
Frauenhofer's (dark) lines	les raies (obscures) de Frauenhofer
telluric lines	raies telluriques
the spectroscope	le spectroscope
the foot, the support	le pied, le support
the telescope (*No.* 21.)	le télescope
the prism, etc. (*No.* 19.)	le prisme
a scale	une échelle ·
the micrometer	le micromètre
a clamping screw	une vis de pression
an adjusting screw	une vis de rappel
to displace laterally	déplacer latéralement
a narrow slit	une fente étroite
Bunsen's burner (*No.* 35.)	le brûleur (la lampe) de Bunsen
a hollow stem	une tige creuse

a lateral orifice admits air	un orifice latéral laisse entrer l'air
a jet of gas	un bec de gaz
a metallic salt in solution	un sel métallique en dissolution
the platinum wire	le fil de platine.

21.

Optical Instruments. Photography. Eye.

INSTRUMENTS D'OPTIQUE. PHOTOGRAPHIE. ŒIL.

An optical instrument	Un instrument d'optique
the microscope	le microscope
the magnifying glass	le verre (la lunette) grossissant(e), la loupe
the magnification, or magnifying power	le grossissement
a magnified image	une image amplifiée
diminished or reduced image	image réduite
the linear magnification	le grossissement linéaire
superficial magnification	grossissement superficiel
the apparent diameter	le diamètre apparent
the simple microscope	le microscope simple ou loupe
Wollaston's doublet	le doublet de Wollaston
compound microscope	microscope composé
lenses (*No*. 19.)	lentilles
the support	le support
a brass tube	un tube de cuivre jaune
a reflector	un réflecteur
to light the object	éclairer l'objet

the illumination	l'éclairement
the stage	le porte-objet
the black eyepiece	l'œilleton noir
the object-glass, or objective	l'objectif
the eyepiece, or power	l'oculaire
the field lens	la lentille de champ
the diaphragm, or stop	le diaphragme
focussing	la mise au point
to focus	mettre au point
the distance of distinct vision	la distance de la vue distincte
the distinctness of the image	la netteté de l'image
the field of view	le champ
the telescope	le télescope
dioptric or refracting telescope	télescope dioptrique ou télescope par réfraction
the astronomical telescope	la lunette astronomique
the finder	le chercheur
the cross-wires	le réticule
spider threads streched across	des fils d'araignée tendus en croix
the optical axis	l'axe optique
the line of sight	la ligne de visée
terrestrial telescope	lunette terrestre ou longue-vue
Galileo's telescope	la lunette de Galilée
the opera-glass	lunette de spectacle ou jumelles
a catoptric or reflecting telescope	un télescope catoptrique ou à réflexion
the mirror (No. 19).	le miroir

the Newtonian (Herschelian) telescope

le télescope de Newton (d'Herschel)

the camera obscura

la chambre obscure

the camera lucida

la chambre claire ou camera lucida

the magic lantern

la lanterne magique

   to project the image on a screen

   projeter l'image sur un écran

the solar microscope

le microscope solaire

the photo-electric microscope (*No.* 27.)

le microscope photo-électrique

photography

la photographie

photography on metal

photographie sur plaque métallique

a Daguerreotype

un Daguerréotype

a carefully polished plate of copper

une plaque de cuivre polie

   coated with silver

   doublée d'argent

to expose to the action of iodine vapour

exposer à l'action de vapeurs d'iode

a substance sensible to light

une substance sensible à la lumière

the accelerator

la substance accélératrice

a wooden case

un châssis de bois

a ground-glass plate

une plaque de verre dépoli

the slide

l'écran à coulisse

mercurial vapour

des vapeurs de mercure

hyposulphite of sodium

hyposulfite de soude

photography on paper

photographie sur papier

chloride, iodide of silver (*No.* 33.)

chlorure, iodure d'argent

a uniform layer (film) of collodion

une couche de collodion uniforme

iodide of potassium	iodure de potassium
to immerse in a bath of nitrate of silver	plonger dans un bain d'azotate d'argent
to develop; the development	développer; le développement
pyrogallic acid	acide pyrogallique
to fix the picture	fixer l'image
the positive	l'épreuve positive
the negative	l'épreuve negative
the light parts, the lights	les parties claires
the shaded parts, shades	les parties ombrées, les ombres
to tone	virer
auric chloride	chlorure d'or
a solution of cyanide of potassium	une solution de cyanure de potassium
albumen	l'albumine
albumenised paper	papier albuminé
a photograph	une photographie
the photographer	le photographe
the collodion process	la photographie au collodion
the eye	l'œil
the organ of vision	l'organe de la vision
the structure of the eye	la structure de l'œil humain
the orbit	l'orbite
the eyelid	la paupière
the cornea	la cornée
the iris	l'iris
the pupil	la pupille
the aqueous humour	l'humeur aqueuse
the crystalline lens	le crystallin

the vitreous body, vitreous humour	le corps vitré, l'humeur vitrée .
the retina	la rétine
the optic nerve	le nerf optique
the inversion of images	le renversement des images
estimation of the distance and size of objects	l'appréciation de la distance et de la grandeur des objets
the optic axis	l'axe optique
the optic angle	l'angle optique
the visual angle	l'angle visuel
the accomodation	l'adaptation, l'accommodation
the distance of distinct vision	la distance de la vue distincte
short-sighted or myoptic	myope
long-sighted or presbyoptic	presbyte
short sight, myopy	la myopie
long sight, presbytism	le presbytisme
spectacles	les lunettes
by the naked eye	à l'œil nu
the stereoscope	la stéréoscope
the persistence of impressions on the retina	la persistance des impressions sur la rétine
the thaumatrope	le thaumatrope
the kaleidophone	le kalèidophone
accidental images	images accidentelles
accidental haloes	auréoles accidentelles
the contrast of colours	le contraste des couleurs
diplopy	la diplopie
the ophthalmoscope	l'ophtalmoscope
achromatopsy, daltonism, colour-blindness	l'achromatopsie, le daltonisme.

22.

Magnetism.

MAGNÉTISME.

The natural magnet	L'aimant naturel
the loadstone	la pierre d'aimant
artificial magnet	aimant artificiel
a bar of steel	un barreau d'acier
the property of attracting iron	la propriété d'attirer le fer
iron filings adhere	la limaille de fer adhère
the north pole (the red pole)	le pôle austral *
the south pole (the blue pole)	le pôle boréal
the neutral line	la ligne neutre
the intermediate or consequent poles	les points conséquents
the magnetic force	la force magnétique
the attractive power	le pouvoir attractif
magnetic attractions and repulsions are inversely as the squares of the distances	les attractions et les répulsions magnétiques s'exercent en raison inverse du carré de la distance
the torsion balance	la balance de torsion
poles of the same name (or	les pôles de même nom se

---

* The French designation is based on the hypothesis of a terrestrial magnet, and on the law that poles of the same name repel, and poles of contrary names attract one another.

like poles) repel one another	repoussent
poles of contrary names (unlike poles) attract one another	les pôles de noms contraires s'attirent
the magnetic fluids	les fluides magnétiques
the Ampèrian currents	les courants d'Ampère
the coërcive force	la force coërcitive
magnetic induction or influence	aimantation par influence
terrestrial magnetism	magnétisme terrestre
directive action of the earth	l'action directrice de la terre
the terrestrial magnetic couple	le couple magnétique terrestre
the magnetic needle	l'aiguille aimantée
the declination	la déclinaison
the angle which the magnetic makes with the geographical meridian	l'angle que fait le méridien magnétique avec le méridien astronomique
it is east or west	elle est orientale ou occidentale
diurnal, annual, secular variations	variations diurnes, annuelles, séculaires
accidental variations, perturbations	variations accidentelles ou perturbations
the isogonic lines	lignes isogones
the amplitude	l'amplitudē
the declination compass	la boussole de déclinaison
the graduated circle	le cercle gradué
to correct errors	corriger les fautes
the method of reversion	la méthode du retournement

the mariner's compass	la boussole marine, **le compas** de mer
the box	là boite
the needle is placed **on** a pivot by means of a cap	l'aiguille repose sur un pivot au moyen d'**une** chape
the rose, **or** compass-card	la rose des vents
the eight rhumbs	les huit rumbs
the inclination, or dip	l'inclinaison
it decreases with the latitude	elle décroît avec la latitude
the dipping needle	l'aiguille d'inclinaison
the magnetic equator or aclinic line	l'équateur magnétique
isoclinic lines	lignes isoclines
the inclination compass	la boussole d'inclinaison
the intensity	l'intensité
isodynamic lines	lignes isodynamiques
an astatic needle	une aiguille astatique
an astatic system	un système astatique
magnetisation	l'aimantation
the bar to be magnetised	le barreau à aimanter
to saturate, to magnetise to saturation	aimanter à saturation
method of single touch	méthode de la simple touche
separate touch	la touche séparée
double touch	la double touche
a magnetic battery or magazine	un faisceau magnétique
the armature ; the keeper	l'armure ; le portant
a powerful magnet	un aimant puissant
the portativè force	la force portative
a horse-shoe magnet	un aimant en fer à cheval

electro-magnetism (*No.* 27.)	électro-magnétisme
diamagnetism	le diamagnétisme
diamagnetic	diamagnétique
axial, equatorial	axial, équatorial.

23.

Electricity.

ÉLECTRICITÉ.

Electricity	L'électricité
statical, dynamical electricity	électricité statique, dynamique
the tension	la tension
to electrify	électriser
development of electricity by friction	développement de l'électricité par le frottement
to rub a stick of sealing-wax	frotter un bâton de cire à cacheter
a cat's skin, catskin	une peau de chat
frictional electricity	électricité de frottement
to conduct electricity	conduire l'électricité
the conductivity, conducting power	le pouvoir conducteur
a good, a bad conductor	un bon, un mauvais conducteur
a non-conductor	un non-conducteur
a badly conducting substance	un corps mauvais conducteur
an insulator	un isoloir, un corps isolant
to insulate	isoler

to communicate with the ground	communiquer avéc la terre
positive, negative electricity	électricité positive, négative
vitreous electricity	électricité vitrée
resinous electricity	électricité résineuse
to be positively (negatively) electrified	s'électriser positivement (négativement)
to be in the natural or neutral state	être à l'état neutre
two bodies charged with the same electricity repel each other	deux corps chargés de la même électricité se repoussent
to attract each other	s'attirer
to be distributed over two bodies brought into contact	se distribuer sur deux corps mis en contact
to accumulate on the surface	s'accumuler à la surface
an extremely thin layer	une couche extrêmement mince
the carrier, or proof plane	le plan d'épreuve
to escape into the air	se dégager dans l'air
the power of points	le pouvoir des pointes
to electrify by influence or induction	électriser par influence ou par induction
the neutral electricity is decomposed	l'électricité neutre se décompose
a brass cylinder	un cylindre de laiton
a glass support	un pied de verre
pith balls	des balles de moelle de sureau

suspended by linen threads	suspendues par des fils de chanvre
the pendulums diverge	les pendules divergent
the inducing (inductive) action	l'action induisante
the inductive power	le pouvoir inducteur
the electric pendulum	le pendule électrique
the gold-leaf electroscope	l'électroscope à feuilles d'or
to coat with an insulating varnish	recouvrir d'un vernis isolant
the metal rod terminates in a knob	la tige métallique est terminée par une boule
the quadrant or Henley's electrometer	l'électromètre de Henley ou électromètre à cadran
the scale	le cadran
the whalebone index	l'aiguille de fanon de baleine
dynamical electricity (*No.* 26.)	électricité dynamique
a thermo-electric current	un courant thermo-électrique
a plate of copper is soldered to a plate of bismuth	une lame de cuivre est soudée à une lame de bismuth
the soldering	la soudure
thermo-electric couple	couple thermo-électrique
the pile, the battery	la pile, la batterie
Melloni's thermo-multiplier	le thermo-multiplicateur de Melloni
electric thermometer (pyrometer)	thermomètre (pyromètre) électrique
the magnetometer	le magnétomètre.

24.

Electrical Machines.

MACHINES ÉLECTRIQUES.

The electrophorus	L'électrophore
the cake of resin	le gâteau de rèsine
a wooden mould or disc lined with tinfoil	un plateau de bois recouvert d'une feuille d'ètain
the glass handle	le manche de verre
to flap with a catskin	battre avec une peau de chat
a smart spark passes	il jaillit une étincelle vive
the electrical machine	la machine électrique
wooden supports	des montants de bois
to turn the circular glass plate	faire tourner le plateau circulaire de verre
the cushions, or rubbers	les coussins ou frottoirs
to stuff with horse hair	rembourrer de crin
to coat with aurum musivum (sulphuret of tin)	enduire d'or musif
an amalgam	un amalgame
to communicate with the ground by means of a chain	communiquer avec le sol par une chaîne
yellow oiled silk	du taffetas de soie jaune huilée
a brass rod	une tige de laiton
shaped like a horse shoe	en fer à cheval
provided with points	armée de dents
the comb	le peigne, la mâchoire

the conductor	le conducteur
hydro-electric machine	machine hydro-électrique
Holtz's machine	machine de Holtz
two large apertures, windows	deux grandes ouvertures, fenètres
the armature, coating	l'armure
to prime the armatures	amorcer les armures
to glue a band of paper	coller une bande de papier
to cover with shellac varnish	recouvrir de vernis à la gomme laque
à tongue of cardboard	une languette de carton
the condenser	le condensateur
an apparatus for condensing a large quantity of electricity on a compa ratively small space	un appareil qui sert à accumuler, sur une surface relativement petite, une quantité considérable d'électricité
the fulminating pàne, Franklin's plate	le carreau fulminant
the Leyden jar	la bouteille de Leyde
a glass bottle	un flacon de verre
to fill with gold leaf	remplir de feuilles d'or battu
to coat the outside with tinfoil	recouvrir l'extérieur d'une feuille d'étain
the internal, external coating	l'armature intérieure, extérieure
a brass rod passes through the cork	une tige de cuivre passe par le bouchon
to terminate in a knob	ètre terminée par un bouton
jar with movable coatings	bouteille à armatures mobiles

an electric battery	une batterie électrique
Volta's condensing electro- scope	l'électromètre condensateur de Volta
the collecting plate	le plateau collecteur.

25.

Electric Discharge and its Effects.

LA DÉCHARGE DE L'ÉLECTRICITÉ ET SES EFFETS.

The discharge, to discharge	La décharge, décharger
the charge, to charge	la charge, charger
slow or continuous dis- charge	décharge lente
instantaneous, sudden dis- charge	décharge instantanée
the recombination of the opposite electricities	la recomposition des élec- tricités contraires
the discharging rod	l'excitateur
two bent brass wires, terminating in knobs and joined by a hinge	deux fils de laiton re- courbés, terminés par des boules et réunis par une charnière
glass discharging rod	excitateur à manche de verre
the handle	le manche
the universal discharger	l'excitateur universel
the striking distance	la distance explosive
physiological effects	effets physiologiques
to form a chain	former une chaine
a commotion	une commotion
mechanical effects	effets mécaniques

a glass plate is perforated	une lame de verre est percée
Kinnersley's thermometer	le thermomètre de Kinnersley
Lichtenberg's figures	les figures de Lichtenberg
the insulating stool with glass legs	le tabouret isolant à pieds de verre
the hair diverges	les cheveux se hérissent
electrical chimes	le carillon électrique
the electrical whirl or vane	le tourniquet électrique
the electrical aura	le vent électrique
luminous effects	effets lumineux
to draw a spark	tirer une étincelle
a smart crack	un bruit pétillant
accompanied by a prickly sensation	accompagné d'une piqûre
a zig-zag form	une forme en zig-zag
the brush	l'aigrette
the electric egg	l'œuf électrique
the luminous tube	le tube étincelant
the luminous pane	le carreau magique
heating effects	effets calorifiques
the spark inflames inflammable liquids	l'étincelle enflamme des liquides combustibles
a steel wire becomes heated, incandescent, is melted, volatilised	un fil d'acier s'échauffe devient incandescent, fond, se volatilise
chemical effects	effets chimiques
the passage of the spark effects combinations and decompositions	l'étincelle détermine des combinaisons et des décompositions
the electric pistol	le pistolet de Volta.

26.

Voltaic Pile.   Bunsen's Battery.

PILE DE VOLTA.   BATTERIE DE BUNSEN.

Galvani's experiment	L'expérience de Galvani
the leg of a frog	une cuisse de grenouille
to expose the lumbar nerves	mettre à nu les nerfs lombaires
a metal conductor composed of zinc and copper	un conducteur métallique formé de zinc et de cuivre
the muscles are contracted	les muscles se contractent
Volta's contact theory	la théorie du contact de Volta
fundamental experiment	expérience fondamentale
the electromotive force	la force électromotrice
electropositive	électro-positif
the electromotor	l'électromoteur
the Voltaic pile	la pile de Volta, pile à colonne
an element, or couple	un couple
a copper disc, zinc disc	un disque de cuivre, de zinc
soldered to each other	soudés l'un à l'autre
to pile one over the other	empiler les uns sur les autres
a disc of cloth moistened by acidulated water	une rondelle de drap mouillée d'eau acidulée

the positive pole	le pôle positif
the electrode	l'électrode ou rhéophore
the conducting wire	le fil conducteur
the charge	la charge ou densité
the tension	la tension
the current	le courant
closed, open	fermé, ouvert
Zamboni's dry pile	la pile sèche
the galvanic trough	la pile à auges
Wollaston's battery	la pile de Wollaston ou pile à bocaux
enfeeblement of the current	l'affaiblissement du courant
secondary battery	pile secondaire
secondary currents	courants secondaires
the polarisation	la polarisation
caused by deposits	engendrée par des dépôts
a Bunsen's element	un élèment de Bunsen
zinc-carbon element	pile de charbon
a constant current	un courant constant
two-fluid battery	pile à deux liquides
diluted sulphuric acid	de l'acide sulfurique étendu d'eau
a hollow cylinder of amalgamated zinc	un cylindre creux de zinc amalgamè
a porous vessel	un vase poreux
the diaphragm	la cloison
ordinary nitric acid	de l'acide azotique ordinaire
a plate of carbon	un plaqué de charbon
an intimate mixture of coke and coal, finely powdered and strongly compressed	un mélange intime de coke et de houille, bien pulvérisé et fortement tassé
to calcine in an iron mould	calciner dans un moule de fer

a binding screw	une vis de pression
the chemical action	l'action chimique
hydrogen	l'hydrogène
a battery of several cells	une batterie de plusieurs élèments (couples)
to connect by strips of copper and clamps	relier au moyen de lames de cuivre et de pinces
Grove's battery	pile de Grove
a plate of platinum bent in the form of an S	une lame de platine recourbée en S
fixed to a cover	fixée à un couvercle
Daniell's battery	pile de Daniell
a solution of sulphate of copper	une dissolution de sulfate de cuivre
the strength of a current	l'intensité d'un courant
the conductivity	le pouvoir conducteur
the reduced length	la longueur réduite
the internal resistance	la résistance intérieure
Siemens' unit	l'unité Siemens
the rheostat	le rhèostat
derived currents	courants dérivés
the point of derivation	le point de dérivation
primitive, partial, principal current	courant primitif, partiel, principal
the derived wire	le fil de dérivation.

27.

Electric Lighting. Electrolysis. Electro-Metallurgy. Electro-Magnetism.

ÉCLAIRAGE ÉLECTRIQUE. ÉLECTROLYSE. GALVANOPLASTIE. ÉLECTRO-MAGNÉTISME.

The electric light	La lumière électrique
electric lighting	l'éclairage électrique
the oxy-hydrogen or Drummond's (lime) light	la lumière de Drummond
photo-electric microscope (*No.* 21.)	le microscope photo-électrique
the Voltaic arc	l'arc Voltaïque
a luminous **arc of** great brilliancy	un arc lumineux d'un éclat éblouissant
carbon points	des pointes de charbon
to become incandescent	devenir incandescent
the positive carbon wears away, diminishes, becomes hollow	le charbon positif s'use, décroît, se creuse
the regulator	le régulateur
the Jablochkoff candle	la bougie Jablochkoff
two rods of carbon separated by a seam of kaolin	deux baguettes de charbon séparées par une lame de kaolin
a brass socket	une douille en laiton
an opal glass globe	un globe en verre opale
electrolysis	l'électrolyse, l'électrolysation

the anode ; the kathode	l'anode ; le catode
an electrolyte	un électrolyte
the anion, kation	l'anion, le cation
electropositive, electronegative	électro-positif, électro-négatif
the voltameter	le voltamètre
the unit of strength	l'unité d'intensité
the decomposition of salts	la décomposition des sels
the metal passes to the negative pole	le métal se rend au pôle négatif
electro-mettallurgy, or galvano-plastics	la galvanoplastie
to precipitate metals from their solutions	précipiter les métaux de leurs dissolutions
the mould, matrix	le moule, la matrice
wax, gutta-percha, plaster of Paris	la cire, la gutta-percha, le plâtre
the impression	l'empreinte
to brush over with finely powdered graphite	enduire de plombagine bien pulvérisée, à l'aide d'une brosse
to metallise the surface, to make it a conductor	métalliser la surface, la rendre conductrice
metallising	la métallisation
the trough	la cuve
copper rods are stretched over it and connected with the poles	des baguettes ou tiges de cuivre sont posées dessus communiquant aux pôles
a sheet of copper is suspended from the positive rod	on suspend une plaque de cuivre à la baguette positive
a solution of sulphate of copper	une dissolution de sulfate de cuivre

the metal is deposited	le métal se dépose
the deposit	le dèpôt
a thin layer	une mince couche
the reproduction of en-graved copper-plates	la reproduction de planches gravées
gilding	la dorure
electro-silvering (*No.* 44.)	l'argenture galvanique
a bath of auric cyanide, potassic cyanide, and water	un bain formé de cyanure d'or, de cyanure de potassium et d'eau
electro-coppering	le cuivrage galvanique
potassio-tartrate of soda	le tartrate de sodium et de potassium
caustic soda	la soude caustique
electro-steeling	l'aciérage
metallochromy, or galvanic painting of metals	la métallochromie ou colo-ration galvanique des métaux
electrodynamics	l'électro-dynamique
Ampère's stand	l'appareil d'Ampère
the mercury cup	le godet plein de mercure
rectilinear, sinuous, an gular, circular currents	courants rectilignes, si-nueux, angulaires, circulaires
they attract (repel) each other	ils s'attirent (se repous-sent)_
finite movable current	courant fini mobile
fixed infinite current	courant fixe indéfini
the directive action	l'action directrice
we imagine an observer placed in the wire in such a manner that the	on conçoit un observa-teur placé dans le fil de manière que, le

current entering by his feet issues by his head, and that his face is always turned towards the needle

courant entrant **par** les pieds et sortant **par** la tète, la face soit constamment tournée vers l'aiguille

the current deflects the north pole of the needle towards the left

le courant fait dévier le pôle austral de l'aiguille aimantée vers la gauche

the angle of deflection

l'angle de déviation

the galvanometer, or multiplier

le galvanomètre ou multiplicateur

a wire covered with silk coiled on a frame

un fil recouvert de soie s'enroulant sur un cadre

the turn

le tour, la circonvolution

the graduated circle

le cercle gradué

astatic system (*No. 22.*)

système astatique

suspended from a fine filament of silk

suspendu à un fil de soie délié

the levelling screws

les vis calantes

the differential galvanometer

le galvanomètre différentiel

the tangent compass, or tangent galvanometer

la boussole des tangentes

the sine galvanometer

la boussole des sinus

Thomson's reflecting galvanometer

le galvanomètre de Thomson

the solenoid

le solénoïde

to coil in the form of a helix or spiral

enrouler en hélice

right-handed or dextrorsal helix

hélice dextrorsum

left-handed or sinistrorsal

sinistrorsum

the terrestrial current	le courant terrestre
magnetisation by currents	aimantation par les courants
an electromagnet (*No*. 22.)	un électro-aimant
the horse-shoe	le fer à cheval
two bobbins or coils	deux bobines
remanent magnetism	magnétisme rémanent
the telephone	le téléphone.

28.

Electric Telegraph.

TÉLÉGRAPHE ÉLECTRIQUE.

The electric telegraph	Le télégraphe électrique
the double needle telegraph	le télégraphe à deux aiguilles
the dial telegraph	le télégraphe à cadran
the electro-chemical telegraph	le télégraphe électro-chimique
printing telegraph	télégraphe imprimant
writing telegraph	télégraphe écrivant
Morse's telegraph	télégraphe (de) Morse
Caselli's autographic telegraph	télégraphe autographique de Caselli
two pendulums	deux pendules
the pencil	le stylet
a metallic paper	un papier métallique
Wheatstone's apparatus	appareil de Wheatstone
the perforator	le perforateur

a punched paper slip (or ribbon)	une bande de papier perforée
a groove	une rainure
the key	la touche
the punch ·	le poinçon, l'emporte-pièce
the transmitter	l'appareil transmetteur
the receiver	le récepteur
the battery (*No.* 26.)	la batterie, la pile
the circuit	le circuit
a galvanised iron wire	un fil de fer galvanisé
the telegraph wire	le fil télégraphique
suspended by porcelain supports	suspendu à des supports de porcelaine
an insulator	un isolateur
a cup	une clochette
to transmit the current	transmettre le courant
the departure station	la station de départ
the arrival station	la station d'arrivée
the telegraph-pole	le poteau télégraphique
aërial, overland wire	ligne aérienne
subterranean (underground) line	ligne souterraine
a submarine cable	un câble sous-marin
the transatlantic cable	le câble transatlantique
the core	l'âme
copper wires twisted in a spiral strand	des fils de cuivre tordus en hélice allongée
a layer of gutta-percha	une couche de gutta-percha
a coating of tarred hemp	un enduit de chanvre goudronné
the indicator, the receiver	le récepteur

the clockwork	le mouvement d'horlogerie
the band of paper is rolled round a drum	la bande de papier est enroulée sur un rouleau
an electromagnet (*No.* 27.)	un électro-aimant
fixed to an armature of soft iron	fixé à une armure de fer doux
a lever movable about an axis	un levier mobile autour d'un axe
raised by a spring	relevé par un ressort
the amplitude of oscillations	l'amplitude des oscillations
to regulate by screws	régler par des vis
the current is open, passes	le courant passe
it is broken	il est interrompu
the peneil	le poinçon
it produces an indentation	il produit un gaufrage
the dash	le trait
the dot	le point
the telegraphic alphabet	l'alphabet télégraphique
Thomson's reflecting gal-vanometer	le galvanomètre récepteur de Thomson
the key, or communicator	le manipulateur
a metallic lever	un levier métallique
one extremity is pressed upwards by a spring beneath	l'une des extrémités est soulevée par un ressort placè dessous
it strikes a button	il frappe un bouton
a binding screw	une vis de pression
the relay	le relais
the local battery	la pile locale
the lightning conductor	le paratonnerre
the electric alarum	le sonnerie électrique
a telegraph office	un bureau télégraphique
to telegraph	télégraphier

telegraphy	la télégraphie
the telegraphist	le télégraphiste
a telegram	un télégramme
a telegraphic message or dispatch	une dépêche télégraphique.

29.

Induction. Inductorium.

INDUCTION.   MACHINE D'INDUCTION.

Induction	L'induction
an induced current	un courant induit
inducing current	courant inducteur
direct current (in the same direction)	courant direct (de même sens)
inverse (in the contrary direction)	inverse (de sens contraire)
instantaneous, continuous	instantané, continu
a closed circuit	un circuit fermé
Delezenne's circle	le cerceau de Delezenne
the extra current	l'extra-courant
the extra current on opening, or direct extra current	l'extra-courant d'ouverture ou extra-courant direct
the extra current on closing, or inverse extra current	l'extra-courant de fermeture ou extra-courant inverse
the coil, bobbin	la bobine
a magneto-electrical machine	une machine magnéto-électrique

magnetic battery (*No.22.*)	faisceau magnétique
the core	le noyau
cylinders of soft iron	des cylindres de fer doux
to join by an iron plate	relier par une plaque de fer
movable round an axis	mobile autour d'un axe
the direction of the current changes at each half-turn	le courant change de direction à chaque demi-révolution
the commutator	le commutateur
to rectify the currents, to bring them to the same direction	redresser les courants, les ramener à être de même sens
the ferrule	la virole
a tongue	une languette
an elastic spring	un ressort élastique
Siemens' armature, or bobbin	la bobine de Siemens
a groove	une gorge
the wire is wound longitudinally	le fil s'enroule longitudinalement
Gramme's machine	machine de Gramme
an axis is rotated between the branches of the magnet	un arbre reçoit un mouvement de rotation entre les branches de l'aimant
each wire is bent inside the ring, and is soldered to an insulated piece of brass	chaque fil se replie en dedans et se soude à une pièce de laiton isolée
an inductorium, or induction coil	une machine d'induction
Ruhmkorff's coil	bobine de Ruhmkorff

G

a hollow cylinder of cardboard, caoutchouc — un cylindre creux de carton, de caoutchouc

the primary or inducing wire — le gros fil, le fil inducteur

the secondary or induced wire, one-third millimeter in diameter — le fil fin, le fil induit, d'un tiers de millimètre de diamètre

each coil is insulated by a layer of melted shellac — chaque spire est isolée par une couche de gomme laque fondue

a bundle of iron wires — un faisceau de fils de fer

the commutator, or key — le commutateur

the hammer oscillates rapidly — le marteau oscille rapidement

the anvil — l'enclume

the interruption, to interrupt — l'interruption, interrompre

Foucault's mercury contact-breaker — l'interrupteur à mercure

the condenser (*No.* 24.) — le condensateur

sheets of tinfoil — des feuilles d'étain

effects (*No.* 25.) — effets

the stratification of the electric light — la stratification de la lumière électrique

alternately bright and dark zones — des zones alternativement lumineuses et obscures

lustrous striæ — des stries brillantes

a Geissler's tube — un tube de Geissler

it contains highly rarefied gases — il contient des gaz très raréfiés

two platinum wires — deux fils de platine.

30.

Meteorólógy. Lightning Conductor.

MÉTÉOROLOGIE. PARATONNERRE.

A meteor	Un météore
aërial, aqueous, luminous meteors	météores aériens, aqueux, lumineux
the meteorograph	le météorographe
an automatic or self-registering apparatus	un appareil enregistreur
to register meteorological phenomena	enregistrer les phénomènes météorologiques
the wind	le vent
the velocity	la vitesse
the direction	la direction
a vane	une girouette
Robinson's anemometer	le moulinet de Robinson
the hemispherical cups	les coupes hémisphériques
the counter	le compteur
the curve of velocities	la courbe des vitesses
the dial	le cadran
north wind, south wind	le vent du nord, du sud
east wind, west wind	le vent d'est, d'ouest
the wind is in the east	le vent est à l'est
it has changed, gone round	il a changé, tournè
it is falling	il s'abat, tombe
the rhumbs (*No.* 22.)	les rumbs
the barometer (*No.* 9.)	le baromètre
the compass card	la rose des vents
the four quarters, or cardinal points	les quatre points cardinaux

the anemometer	l'anémomètre
regular winds	vents réguliers
the trade winds	les vents alizés
periodical winds	vents périodiques
the monsoon; the sirocco	la mousson; le sirocco
a land breeze	une bise de terre
sea breeze	bise de mer
the whirlwind	le tourbillon, la rafale
the hurricane	l'ouragan
Dove's law of rotation of winds	la loi de Dove, loi de la rotation des vents
mist, fog	le brouillard, la brume
cloud	le nuage
to float in the air	flotter dans l'air
the nimbus, or rain cloud	le nimbus ou nuage de pluie
stratus; cumulus; cirrus	stratus; cumulus; cirrus
rain	la pluie
the annual rainfall	la quantité de pluie qui tombe annuellement
the rain gauge, pluviometer	le pluviomètre ou udomètre
a funnel	un entonnoir
a lid	un couvercle
a waterspout	une trombe
aqueous vapour	de la vapeur d'eau
serein, night-dew	le serein
dew	la rosée
hoar frost	la gelée blanche
snow	la neige
the flake	le flocon
sleet	le grésil
hail	la grêle

a hailstone	un grain de grêle, un grêlon
ice	la glace
glacier	le glacier
the rainbow	l'arc-en-ciel
the effective rays	les rayons efficaces
the angle of deviation	l'angle de déviation
the visual axis	l'axe de vision
the aurora borealis, or polar aurora	l'aurore boréale
a halo	un halo
a parhelion, or mock sun	un parhélie ou faux soleil
atmospheric electricity	l'électricité atmosphérique
Franklin flew a kite provided with a metallic point	Franklin lança un cerf-volant muni d'une pointe métallique
the thunderstorm	l'orage
the thunder rolls	la tonnerre gronde
a clap of thunder	un coup de tonnerre
the lightning has struck a house	la foudre est tombée sur une maison
a flash of lightning	un éclair
a zigzag flash	un éclair en zigzag
heat lightning	des éclairs de chaleur
a fulgurite	un tube fulminaire, un fulgurite
the return shock, back-stroke	le choc de retour
the lightning conductor	le paratonnerre
the rod	la tige
a bar of iron terminating in a point	une barre de fer terminée en pointe

so large as not to be melted	assez grosse pour ne pas être fondue
the conductor	le conducteur
an iron bar	une tringle de fer
a wire cord	une corde de fils métalliques
it branches out at the end	il se ramifie
the cloud acts inductively	le nuage agit par influence
the lightning conductor prevents the accumulation of electricity on the surface	le paratonnerre s'oppose à l'accumulation de l'électricité à la surface
power of points (*No.* 23.)	pouvoir des pointes
the lateral discharge	la décharge latérale
climatology	la climatologie
the mean temperature	la température moyenne
the thermometer (*No.*16.)	le thermomètre
the layer of constant temperature	la couche invariable
influence of latitude, height, direction of winds, proximity of the sea	influence de la latitude, de l'altitude, de la direction des vents, de la proximité des mers
isothermal, isotheral, isochimenal lines	lignes isothermes, isothères, isochimènes
the climate	le climat
warm, hot climate	climat chaud, brûlant
mild, temperate climate	climat doux, tempéré
cold, arctic climate	climat froid, glacè
extreme climate	climat excessif
constant, variable	constant, variable
land climate	climat continental

sea climate	climat marin
the tropics, the torrid zone	la zone torride
frigid, temperate zone	zone glaciale, tempérée
oceanic currents	courants marins
the Gulf Stream	le courant du golfe, le gulf-stream.

CHEMISTRY. METALLURGY.

31.

General Notions.

NOTIONS GÉNÉRALES.

Chemistry	La chimie
(in)organic chemistry	chimie (in)organique
applied chemistry	chimie appliquée
technical or industrial chemistry	chimie technologique **ou** industrielle
a chemical manufactory	une fabrique de produits chimiques
the chemist	le chimiste
chemical	chimique
chemicals	les articles chimiques
simple or elementary body, element	un corps simple, un élément
compound body, compound (*No.* 1.)	corps composé
analysis, synthesis	l'analyse, la synthèse
analytic, synthetic	analytique, synthétique
quantitative, qualitative analysis	analyse quantitative, qualitative
the combination	la combinaison
a mechanical mixture	un mélange
to mix	mélanger
to combine	(se) combiner
a decomposition	une décomposition

to decompose	décomposer
to expose to the action of heat	exposer à l'action de la chaleur
double decomposition	double décomposition
chemical affinity	l'affinité chimique
it only acts through extremely small distances	elle ne s'exerce qu'à des distances infiniment petites
in the nascent state	à l'état naissant
the evolution of heat	le dégagement de chaleur
nothing is lost	rien ne se perd
a reaction	une réaction
to react	réagir
to neutralise	neutraliser
the reagent	le réactif
a solution	une solution ou dissolution
to solve, dissolve	dissoudre
soluble	soluble
the precipitate	le précipité
the sediment, deposit	le dèpôt
to deposit, precipitate	déposer, précipiter
the residue, residuum	le résidu
the law of constant proportion	la loi des proportions définies
chemical combination invariably takes place in certain definite proportions by weight	les rapports pondéraux suivant lesquels les corps s'unissent sont invariables pour chaque combinaison
the law of multiple proportion	la loi des proportions multiples
the atomic theory	la théorie atomique
the atom (*No.* 1.)	l'atome

the atomic weight	le poids atomique
the molecular weight	le poids moléculaire
atomicity, quantivalence	l'atomicité
monatomic, monovalent	monoatomique
diatomic, divalent	diatomique
triatomic ; tetratomic	triatomique, tétratomique
monovalent element, **or** monad	élèment monoatomique
the radicle	le radical
the equivalent	l'équivalent
specific heat (*No.* **15.**)	chaleur spécifique
volume of gases (*No.* **9.**)	volume des gaz
chemical notation	la notation chimique
symbol	le symbole
it represents an atom	il représente un atome
formula	la formule
a chemical equation	une équation chimique.

32.

Names of the Elements.

NOMS DES ÉLÉMENTS.

a) *Metalloids,* non-metallic elements, non-metals	a) *Métalloïdes*
oxygen	oxygène
hydrogen	hydrogène
nitrogen	azote
carbon	carbone
chlorine	chlore
fluorine	fluor

bromine	brome
iodine	iode
selenium	sèlènium
tellurium	tellure
sulphur	soufre
phosphorus	phosphore
boron	bore
arsenic	arsènic
silicon	silicium.

b) *Metals*	b) *Métaux*
metallic lustre	éclat métallique
potassium	potassium
sodium	sodium
lithium, barium	lithium, baryum
calcium, strontium	calcium, strontium
cadmium, thallium, iridium, etc.	cadmium, thallium, iridium, etc.
magnesium	magnésium
bismuth	bismuth
antimony	antimoine
iron	fer
zinc	zinc
cobalt	cobalt
nickel	nickel
manganese	manganèse
tin	étain
lead	plomb
mercury	mercure
copper	cuivre
silver	argent
gold	or
platinum	platine.

33.

Nomenclature of Compounds.

NOMENCLATURE DES CORPS COMPOSÉS.

a) *An acid*
the base
the salt
dilute, concentrated acid
an acid turns blue litmus-
  paper red
a soluble base restores the
  blue colour of reddened
  litmus
electropositive,   electro-
  negative (*No.* 26.)
an oxi-acid
a hydracid
neutral, basic, acid salt
efflorescent salt
  deliquescent
double salt
an alkali
monobasic
bibasic; tribasic
hydroxide; hydrate
halogen; haloid
haloid salt

b) *Oxidised compounds*
the *anhydride*

a) *Un acide*
la base
le sel
acide étendu, concentré
les acides rougissent le papier bleu de tournesol
les bases solubles le ra-
  mènent au bleu

électro-positif, électro-né-
  gatif
un oxacide
un hydracide
sel neutre, basique, acide
sel efflorescent
  déliquescent
sel double
un alcali
monobasique
bibasique; tribasique
hydroxyde; hydrate
halogène; haloïde
sel haloïde.

b) *Corps oxygénés*
l'*anhydride,* l'acide anhydre

it generally results from the combination of a metalloid with oxygen	il résulte généralement de la combinaison d'un métalloïde avec l'oxygène
binary oxidised compound	corps oxygéné binaire
oxide	l'*oxyde*
it is formed by the combination of a metal with oxygen	il se forme par la combinaison d'un métal avec l'oxygène
zinc oxide, chlorine oxide	oxyde d'étain, oxyde de chlore
oxide of copper	oxyde de cuivre
calcium oxide	oxyde de calcium
the degree of oxidation is indicated by the terminations *ous, ic*	le degré d'oxydation est marqué par la terminaison en *eux* ou *ique* de l'adjectif
ferr*ous* oxide	oxyde ferr*eux*
ferr*ic* oxide	oxyde ferr*ique*
mercur*ous* oxide	oxyde mercur*eux*
mercur*ic* oxide	oxyde mercur*ique*
cupr*ous* oxide	oxyde cuivr*eux*
cupr*ic* oxide	oxyde cuivr*ique*
sulphur*ous* anhydride	anhydride sulfur*eux* (acide sulfur*eux* anhydre)
sulphur*ic* anhydride	anhydride sulfur*ique* (acide sulfur*ique* anhydre)
phosphor*ous* anhydride	anhydride phosphor*eux* (acide phosphor*eux* anhydre)
phosphor*ic* anhydride	anhydride phosphor*ique* (acide phosphor*ique* anhydre)
nitr*ous* anhydride	anhydride azot*eux*

nit*ric* anhydride

arseni*ous* anhydride

*hypo*chlor*ous* anhydride

chlor*ous* anhydride

chlor*ic* anhydride

*per*chlor*ic* anhydride

The following denominations are also used ·

*prot*oxide of nitrogen, nitrogen *mon*oxide (=nitrous oxide)

*di*oxide of nitrogen, nitrogen dioxide (=nitric oxide)

nitric *tri*oxide (=nitrous anhydride)

*tetr*oxide

*per*oxide

*sesqui*oxide

protoxide of potassium, potassium monoxide, potassic oxide

manganous oxide, or manganese monoxide

manganic sesquioxide

stannous oxide, tin monoxide

iron sesquioxide, ferric oxide

bioxide or peroxide of manganese

baric peroxide

anhydride azot*ique*

anhydride arséni*eux*

anhydride *hypo*chlor*eux*

anhydride chlor*eux*

anhydride chlor*ique*

anhydride *per*chlor*ique*.

On emploie aussi les dénominations suivantes :

*prot*oxyde d'azote (=oxyde azoteux)

*bi*oxyde (ou deutoxyde) d'azote (=oxyde azotique)

*tri*oxyde d'azote (=anhydride azoteux)

*quadr*oxyde

*per*oxyde

*sesqui*oxyde

protoxyde de potassium

oxyde manganeux, protoxyde de manganèse

oxyde manganique, sesquioxyde de manganèse

oxyde stanneux, protoxyde d'étain

sesquioxyde de fer, oxyde ferrique

bioxyde ou peroxyde de manganèse

peroxyde de baryum

sulphur dioxide = sulphurous anhydride

anhydride sulfureux.

c) *Acids*

c) *Acides*

*hypo*chloro*us* acid, hydric
(or hydrogen) hypo-
chlorite

acide *hypo*chlor*eux*

chlor*ous* acid, hydric
chlorite

acide chlor*eux*

chlor*ic* acid, hydric chlorate

acide chlor*ique*

*per*chloric acid, hydric per-
chlorate

acide *per*chlorique

hyposulphurous acid

acide hyposulfureux

sulphurous acid

acide sulfureux

hyposulphuric acid

acide hyposulfurique

sulphuric acid, or hydric
sulphate

acide sulfurique

hypochlorous acid (hydric
hypochlorite)

acide hypochloreux

chlorous acid

acide chloreux

perchloric acid (hydrogen
perchlorite)

acide perchlorique

phosphoric acid (hydric or
hydrogen phosphate)

acide phosphorique

acetic acid (hydric acetate)

acide acétique

arsenic (arsenious) acid

acide arsénique (arsénieux)

silicic acid

acide silicique

nitric acid (hydric nitrate)

acide azotique

nitrous acid

acide azoteux

hydrate, hydroxide

hydrate

potassic hydrate, potas-
sium hydroxide

hydrate de potassium

sodic hydrate

hydrate de sodium

calcic hydrate

hydrate de calcium.

d) *Salts*

the hydrogen of the acid is replaced by an equivalent quantity of metal

the salt takes the name of the acid:

hypochlor*ite*
chlor*ite*
chlor*ate*
*per*chlor*ate*
hyposulphite
sul*p*hite
sulphate
phosphite
hypophosphite
phosphate
bicarbonate

these names are preceded by the English or by the Latin names (ending in ic) of the metal:

potassic sulphate, or potassium sulphate

sodic sulphate, or sodium sulphate

cupric sulphate, copper sulphate

sodic sulphite
lead chromate
silver or argentic nitrate
calcic carbonate, calcium carbonate
potassic **nitrate**

d) *Sels*

l'hydrogène de l'acide est remplacé par une quantité équivalente de métal

le sel prend le nom de l'acide:

*hypo*chlor*ite*
chlor*ite*
chlor*ate*
*per*chlor*ate*
hyposulfite
sulfite
sulfate
phosphite
hypophosphite
phosphate
bicarbonate

à ces mots on ajoute le nom du métal:

sulfate de potassium ·

sulfate de sodium

sulfate de cuivre

sulfite de sodium
chromate de plomb
azotate d'argent
carbonate de calcium

azotate de potassium

plumbic acetate	acétate de plomb
calcic hypochlorite	hypochlorite de calcium
sodic hyposulphite	hyposulfite de sodium
potassic perchlorate	perchlorate de potassium
bicarbonate of soda	bicarbonate de soude
potassium chromate	chromate de potassium
potassic dichromate	bichromate de potassium
potassium sulphate	sulfate de potassium
bisulphate of potash, or potassium hydrogen sulphate	sulfate acide de potassium
different degrees of oxidation are distinguished:	on distingue différents degrés :
ferr*ous* sulphate	sulfate ferr*eux*
ferr*ic* sulphate	sulfate ferr*ique*
mercurous nitrate	azotate mercureux
mercuric nitrate	azotate mercurique.

e) *Non-oxygenised compounds*	e) *Corps non-oxygénés*
the name of one body ending in *ide* is preceded by the (English or Latin) name of the other:	on fait suivre le nom de l'un des corps terminé en *ure* de celui de l'autre :
sodium chloride, or sodic chloride	chlorure de sodium
potassic iodide	iodure de potassium
potassic sulphides	sulfures de potassium
sodic (or sodium) sulphide	sulfide de sodium
zinc, lead sulphide	sulphure d'ètain, de plomb
silver (or argentic) chloride	chlorure d'argent

H

the different sulphides, chlorides, &c. are distinguished:

on distingue les divers sulfures, chlorures, etc.:

potassium *proto*sulphide (*bi*sulphide, *ter*sulphide)

*mono*sulfure (*bi*sulfure, *tri*sulfure) de potassium

*tétra*chloride

*tétra*chlorure

*penta*chloride

*penta*chlorure

phosphorus (or phosphoric) pentachloride

pentachlorure de phosphore

antimonic (or antimony) pentachloride

pentachlorure d'antimoine

carbon(ic) disulphide

sulfure de carbone

cupr*ous* chloride

chlorure cuivr*eux*

cupr*ic* chloride

chlorure cuivr*ique*

aurous chloride

chlorure aureux

auric chloride

chlorure aurique (perchlorure d'or)

mercur*ous* sulphide

sulfure mercur*eux*

mercur*ic* sulphide

sulfure mercur*ique*

ferr*ous* chloride

chlorure ferr*eux*

ferr*ic* chloride

chlorure ferr*ique*

tin *di*chloride, or stann*ous* chloride

*bi*chlorure d'étain ou chlorure stann*eux*

tin *tetra*chloride, stann*ic* chloride

*tétra*chlorure d'étain, chlorure stann*ique*

the combinations of hydrogen are called:

les combinaison de l'hydrogène se nomment:

hydric (or hydrogen) chloride, or chlorhydric acid

acide chlorhydrique

hydric fluoride, or hydrofluoric acid

acide fluorhydrique

hydric iodide, or hydriodic acid

acide iodhydrique

hydric sulphide, or sulphuretted hydrogen (or hydro-sulphuric acid)	acide sulfhydrique ou hydrogène sulfuré
arseniuretted hydrogen, or hydric arsenide	hydrogène arsénié
antimoniuretted hydrogen	hydrogène antimonié
phosphuretted hydrogen; etc.	hydrogène phosphoré ; etc.
sulpho-salts	sulfo-sels
sulpharsenite	sulfoarsénite.

f) *Alloys*	f) *Alliages*
the metals combine with each other to form alloys	on nomme alliages les combinaisons des métaux entre eux
the alloys of mercury are called amalgams	on nomme amalgames les alliages du mercure
brass	laiton, cuivre jaune
bronze	bronze
tombac	tombac
gun-metal	métal des canons
bell-metal	métal des cloches
Mannheim gold	or de Mannheim
German silver, argentan, packfong	argentan, maillechort
speculum metal	métal à miroirs
yellow or Muntz metal	métal de Muntz
mosaic gold	or musif
pewter	potin
hard solder	soudure forte, brasure
soft solder	soudure tendre
Britannia metal	métal anglais
aluminium bronze	bronze d'aluminium.

34.

Apparatus.

APPAREILS.

The laboratory	Le laboratoire
an apparatus	un appareil
a tube, glass tube	un tube, tube de verre
capillary tube	tube capillaire
combustion tube	tube à combustion
U-(shaped)tube	tube en U
safety funnel	tube de sûreté, tube à entonnoir
delivery tube	tube de dégagement
chloride of calcium tube	tube à chlorure de calcium
arsenic reduction tube	tube à réduction de l'arsénic
condensing tube for sulphurous acid	tube pour la condensation de l'acide sulfureux
caoutchouc tube	tube en caoutchouc
a tube brush	une brosse pour nettoyer les tubes
fractional distillation tube	tube pour la distillation fractionnée
the eudiometer, graduated	l'eudiomètre, gradué
glass rod	la baguette en verre
beaker	le gobelet
with ground edges	à bord rodé
with spout	à bec
flask	le flacon
with wide (narrow) mouth	à large (étroite) ouverture

stoppered. with stopper	bouché
a perforated stopper	un bouchon percé
washing bottle	le flacon laveur
the neck or tubulus	la tubulure
a glass globe	un ballon de verre
a glass bell-jar, with knob	une cloche en verre, à bouton
an adapter	une allonge
straight; curved	droite; courbe
the receiver	le récipient, la bonbonne
the retort	la cornue
the neck	le col
the bulb	la panse
tubulated	tubulée
a retort stand	un support pour cornues
the support	le support
the clamp, the holder	la pince
iron wire gauze	toile en fil de fer
the tripod stand	le trépied
Liebig's potash bulbs	tube à boules de Liebig
volumetric apparatus	appareil volumétrique
the burette	la burette
the float	le flotteur
the pipette	la pipette
a conical measure	une mesure conique
the gasholder	le gasomètre
the aspirator	l'aspirateur
japanned tinplate aspirator	aspirateur en fer blanc, verni
hydrometer (*No.* 8.)	aréomètre
optical instruments(*No.*21.)	instruments d'optique
hygrometer (*No.* .17)	hygromètre

barometer (*No.* 9.)	baromètre
thermometer (*No.* 16.)	thermomètre
siphon (*No.* 7.)	syphon
Voltaic pile (*No.* 26.)	pile de Volta
air-pump (*No.* 11.)	machine pneumatique
balance (*No.* 4.)	balance
the pneumatic trough	la cuve pneumatique
the mercury trough	la cuve à mercure, cuve hydrargo-pneumatique
the water-bath, with rings and constant level	le bain-marie, à anneaux et à niveau constant
the stopcock	le robinet
the pinchcock	la pince
Daniell's safety stopcock	robinet de Daniell
the test paper	le papier réactif
red (blue) litmus paper	papier rouge (bleu) de tournesol
a test tube	un tube à essais, une éprouvette
reagents	réactifs
the alembic	l'alambic
a funnel	un entonnoir
the drainer	la passoire
the filter	le filtre
the filtering paper	le papier à filtrer
the filter stand	le support à entonnoirs
the filter hook	le crochet
the sieve	le crible
the file (*No.* 54.)	la lime
the mortar	le mortier
the pestle	le pilon
the spout	le bec
the sand-bath	le bain de sable

the evaporating basin	la bassine
of porcelain	en porcelaine
with spout	à bec
with flat bottom	à fond plat
the crucible	le creuset
biscuit porcelain crucible	creuset en porcelaine bis-
with perforated cover and	cuit avec couvercle per
leading tube	foré et tube
Hessian fire-clay crucible	creuset de Hesse
plumbago crucible	creuset de graphite
the crucible tongs	la pince à creusets
the stirrer	la baguette
the cover	le couvercle
the blowpipe	le chalumeau
the mouth-piece	l'embouchure
the nozzle	le bout
the oxyhydrogen blowpipe	le chalumeau à gaz hydro-
	gène
iron spoon with handle	cuiller en tôle, à manche
blowpipe assays	essais au chalumeau
the spatula	la spatule
Bunsen's gasburner	le brûleur à gaz de Bunsen
the jet	le bec
the chimney	la cheminée
the rose	le couronnement
the porcelain plate	le plateau en porcelaine
apparatus for spectrum ana-	appareils pour l'analyse
lysis (No. 20.)	spectrale
the spirit lamp	la lampe à alcool ou à
	esprit-de-vin
the wick-holder	le porte-mèche
glassblower's lamp	lampe d'émailleur
platinum foil (wire)	feuille (fil) de platine

spongy platinum	éponge de platine
the furnace	le fourneau
portable furnace	le fourneau portatif
the combustion furnace	la grille
cupelling furnace (*No.* 44.)	fourneau à coupellation
the cupel	la coupelle
the muffle	le moufle
reverberatory furnace (*No.* 43.)	fourneau à réverbère.

35.

Hydrogen. Oxygen. Nitrogen.

HYDROGÈNE. OXYGÈNE. AZOTE.

Hydrogen	*L'hydrogène*
a colourless gas	un gaz incolore
pure hydrogen is without odour	l'hydrogène pur est sans odeur
combustible	combustible
scarcely soluble in water	peu soluble dans l'eau
it burns with a pale flame	il brûle avec une flamme pâle
it is fourteen and a half times lighter than air	il est 14 fois et demie plus léger que l'air
it forms an explosive mixture with air	il forme avec l'air un mélange explosif
the preparation of hydrogen	la préparation de l'hydrogène
granulated zinc	de la grenaille de zinc
tube-funnel, etc. (*No.*34.)	tube à entonnoir etc.

to pour in sulphuric acid	ajouter de l'acide sulfurique
hydrogen gas is evolved	il se dégage de l'hydrogène
to collect the gas in a test-tube	recueillir le gaz dans une éprouvette.

Oxygen

L'oxygène

it is obtained by heating potassic chlorate in a retort	on l'obtient en chauffant du chlorate de potassium dans une retorte
it supports combustion	il entretient la combustion
a red-hot match	une allumette incandescente
it is plunged into a jar filled with oxygen	on le plonge dans une cloche pleine de gaz oxygène
it is rekindled, it bursts into flame	il se rallume, il s'enflamme de nouveau
phosphorus burns with great brilliancy	le phosphore brûle avec un vif éclat
a spiral watch-spring	un ressort de montre
sparks are projected	il projette des étincelles
breathing (respiration) is a slow combustion, the source of animal heat	la respiration est une combustion lente, source de la chaleur animale
carbonic acid is formed	il se forme de l'acide carbonique
lime-water becomes milky, turbid	l'eau de chaux se trouble
an oxidation	une oxydation
oxides (*No.* 33.)	oxydes
ozone	l'ozone
oxyhydrogen	le gaz oxyhydrogène

oxyhydrogen blow-pipe (*No.* 34.)	chalumeau à **gaz oxyhydrogène**
hydric oxide, hydrogen monoxide, or water	protoxyde d'hydrogène, **ou** eau
hydric peroxide (or dioxide) prepared from baric peroxide	peroxyde d'hydrogène préparé du peroxyde **de** baryum.

Nitrogen	*L'azote*
anhydrides, oxides(*No.*33.)	anhydrides, oxydes
laughing gas	gaz hilarant
nitric peroxide (or tetroxide)	peroxyde d'azote ou vapeur nitreuse
by heating plumbic nitrate	en chauffant de l'azotate de plomb
ammonia	l'ammoniaque
volatile alkali	alcali volatil
ammoniacal salts	sels ammoniacaux
(sesqui)carbonate of ammonia	(sesqui)carbonate d'ammoniaque
salts of hartshorn	sel de corne de cerf
smelling salts	sel volatil
spirits of hartshorn	ammoniaque caustique
liquor ammoniæ	ammoniaque liquide
the aqueous solution	la solution aqueuse
sulphate of ammonia	sulfate d'ammoniaque
chloride of ammonium, ammonic chloride, muriate of ammonia	chlorure d'ammonium, chlorhydrate d'ammoniaque
sal ammoniac	sel ammoniac
prepared from camels' dung	préparé de la fiente des chameaux

fermentation	la fermentation
distillation	la distillation
from the gas liquor, ammoniacal liquor of gas works	de l'eau du gaz, des eaux ammoniacales des usines à gaz
sublimation	la sublimation
a cast-iron cauldron	une chaudière de fonte
an earthenware vessel	un pot de grès
a glass flask	un ballon de verre
nitric acid, hydric (hydrogen) nitrate	acide azotique
corrosive	corrosif
fuming nitric acid	acide azotique fumant
aquafortis	eau forte
potassium (sodium) nitrate	azotate de potassium (de sodium)
to condense in stoneware receivers	condenser dans des bonbonnes de grès
bleaching	le blanchiment
condensation apparatus	appareil de condensation
hyponitric acid	acide hypoazotique
nitro-glycerine	la nitro-glycérine
dynamite	la dynamite
gun-cotton	le coton-poudre.

36.

Atmospheric Air.   Water.

AIR ATMOSPHÉRIQUE.   EAU.

The air	*L'air*
the atmosphere (*No.* 9.)	l'atmosphère
carbonic acid	acide carbonique
aqueous vapour	la vapeur d'eau

traces of ammonia, sulphuretted hydrogen, ozone

des traces d'ammoniaque, d'hydrogène sulfuré, d'ozone

the composition of air

la composition de l'air

composition by volume

composition en volumes

the eudiometer

l'eudiomètre

   a glass tube

   un tube de verre

   platinum wires are soldered (melted) into the glass

   des fils de platine sont scellés dans le verre

   an electric spark is passed

   on fait passer une étincelle électrique

composition by weight

composition en poids

   a glass globe exhausted of air (*No.* 11.)

   un ballon vide d'air

   an aspirator

   un aspirateur

   the stop-cock

   le robinet

   a U-(shaped) tube

   un tube en U

   the bulbs, potash bulbs

   l'appareil à boules

   caustic potash

   de la potasse caustique

   pumice-(stone) moistened with sulphuric acid

   de la pierre ponce imprégnée d'acide sulfurique

   the increase in weight is ascertained

   on détermine l'augmentation de poids.

Water

L'eau

the Voltaic current decomposes water

le courant de la pile décompose l'eau

the voltameter (*No.* 27.)

le voltamètre

   acidulated water

   de l'eau acidulée

   small bubbles of gas

   de petites bulles d'air

water contains substances in solution

l'eau contient des matériaux en dissolution

pure water	eau pure
to purify	purifier
stagnant water	eau stagnante, dormante
running water	eau courante
a watercourse	un cours d'eau
filtration	le filtrage
to filter	filtrer
the filter	le filtre
distillation	la distillation
soft water	eau douce ou potable
hard water	eau crue ou dure
it contains calcic salts	elle renferme des sels calcaires
drinkable, potable water	eau potable
sea water	eau de mer
fresh water	eau douce
rain, spring, river, well water	eau de pluie, de source, de rivière, de puits
water-supply (No. 49.)	la distribution d'eau
water of crystallisation	eau de cristallisation
efflorescent, deliquescent salts	sels efflorescents, déliquescents
mineral waters	eaux minérales
acidulous waters	eaux acidules
alkaline waters	eaux alcalines
chalybeate waters, chalybeate springs	eaux ferrugineuses
brine, muriated waters	eaux salines, chlorurées
sulphurous (or hepatic) waters	eaux sulfureuses
bitter waters	eau magnésiennes
warm springs, thermal springs	sources thermales.

37.

Sulphur. Chlorine. Phosphorus.

SOUFRE.   CHLORE.   PHOSPHORE.

Sulphur or brimstone	Le soufre
it is found native in volcanic districts	on le trouve à l'état natif dans certaines contrées volcaniques
extraction by melting, by distillation	extraction par fusion, par distillation
a cauldron	une chaudière
a shaft furnace	un fourneau à cuve
the ladle	la cuiller
the condenser	le condensateur
crude sulphur	soufre brut
purification, refining	la purification, le raffinage
flowers of sulphur, or sublimed sulphur	fleurs de soufre
roll, stick or lump sulphur	soufre en canons
to cast in wooden moulds	verser dans des moules de bois
pyrites, iron pyrites	la pyrite, le fer sulfuré
fire-clay vessels placed in a slanting position	des vases en terre réfractaire disposés en pente
the receiver	le récipient
the roasting of copper pyrites	le grillage du cuivre sulfuré
sulphur obtained as a by product of gas manufacture	soufre produit accessoire de la fabrication du gaz de houille

soda waste, or alkali-waste	des résidus de soude
precipitated sulphur, milk of sulphur	le lait de soufre
amorphous sulphur	soufre amorphe, soufre mou
crude sulphur	soufre cabalin
to crystallise in transparent crystals	cristalliser en cristaux transparents
sulphurous anhydride	anhydride sulfureux ou acide sulfureux anhydre
a pungent suffocating odour	une odeur piquante et suffocante
sulphuric anhydride or trioxide	anhydride sulfurique, acide sulfurique anhydre
hyposulphurous acid	acide hyposulfureux
sulphurous acid, hydric (or hydrogen sulphite)	acide sulfureux
hyposulphuric acid	acide hyposulfurique
sulphuric acid	acide sulfurique
diluted, concentrated	étendu, concentré
oil of vitriol	huile de vitriol
fuming sulphuric acid, Nordhausen acid	acide sulfurique fumant ou de Nordhausen
the leaden chamber	la chambre de plomb
the sulphur burner or furnace	le four (à soufre)
the bed	la sole
a cast-iron plate	une plaque de fonte
a compartment	un compartiment
the pot or crucible	le creuset
the sulpurous acid and nitrous vapours escape through a tube	l'acide sulfureux et les vapeurs nitreuses s'échappent par un tuyau

hydrogen nitrate, nitric acid	acide azotique
a jet of steam	un jet de vapeur
Gay-Lussac's condenser	le condenseur de **Gay-**Lussac
a Mariotte flask	un flacon de Mariotte
the denitrificator	le dénitrificateur
to denitrify	dénitrifier
concentration	la concentration
to concentrate in large platinum retorts	concentrer dans de grandes cornues de platine
a leaden pan	une chaudière de plomb
purification	la purification
the crystals of the leaden chambers	les cristaux des chambres de plomb
the chamber acid	l'acide des chambres
a sulphate (*No.* 33.)	un sulfate
ammonium sulphate	sulfate d'ammonium
ferrous sulphate, green vitriol	sulfate ferreux, vitriol vert, couperose verte
acid sulphates or bisulphates	sulfates acides
neutral or normal sulphates	sulfates neutres
baric sulphate, heavy spar	sulfate de baryum, spath pesant
hydric(hydrogen)sulphide, or sulphuretted hydrogen	acide sulfhydrique ou hydrogène sulfuré
the odour of rotten eggs	l'odeur d'œufs pourris
hydric persulphide	persulfure d'hydrogène
antimonious sulphide	sulfure antimonieux

carbon(ic) disulphide
  vulcanized caoutchouc
sodic hyposulphite
dithionic acid
trithionic acid
tetrathionic acid
pentathionic acid

Chlorine
  a yellowish-green gas
  to heat manganic oxide
    with hydric chloride

  it has a great affinity for
    hydrogen
  it is used for bleaching

  disinfectant
chlorine gas
chlorine water
hydric chloride, hydro-
  chloric acid, muriatic
  acid
  it forms white fumes in
    the air
aqua regia (nitro-hydro-
  chloric acid)
  a mixture of hydric
    chloride and hydric
    nitrate
  it dissolves gold
chloride of lime
acids, salts, etc. (*No.* 33.)
bromine

sulfure de carbone
  caoutchouc vulcanisé
hyposulfite sodique
acide dithionique
acide trithionique
acide tétrathionique
acide pentathionique.

Chlore
  un gaz jaune verdâtre
  chauffer du peroxyde de
    manganèse avec de
    l'acide chlorhydrique

  il a une puissante affinité
    pour l'hydrogène
  il est employé pour le
    blanchiment des étoffes

le désinfectant
gaz chlore
eau de chlore
acide chlorhydrique

  il répand à l'air des fu-
    mées blanches
eau régale

  un mélange d'acide azo
    tique et d'acide chlor-
    hydrique
  elle lissout l'or
chlorure de chaux
acides, sels, etc.
brome

hypobromous acid — acide hypobromeux

bromic acid — acide bromique

phosphoric bromide — bromure de phosphore

hydric (or hydrogen) bromide, hydrobromic acid — acide bromhydrique

iodine — iode

hydric (hydrogen) iodide, hydriodic acid — acide iodhydrique

potassic (or potassium) iodide — iodure de potassium

iodic acid, hydrogen iodate — acide iodique

periodic acid, or hydrogen periodate — acide périodique

fluorine — fluor

silicic fluoride, silicon tetrafluoride — fluorure de silicium

hydrofluoric acid etches (corrodes) glass — l'acide fluorhydrique corrode le verre

calcic fluoride, fluor spar — fluorure de calcium, spath fluor

hydro-fluo-silicic acid — acide hydrofluosilicique.

Phosphorus — *Phosphore*

apatite, phosphorite — l'appatite, la phosphorite

preparation — préparation

powdered bone-ash — de la cendre d'os pulvérisée

to filter — filtrer

calcic phosphate, sulphate — phosphate, sulfate de chaux

to evaporate — évaporer

to mix with powdered charcoal	mêler avec du charbon en poudre
a retort	une cornue
to purify	purifier, épurer
to cast into sticks	mouler en bâtons
properties	propriétés
yellow, soft, transparent	jaune, mou, transparent
it takes fire spontaneously	il s'enflamme spontanément
it is kept under water	on le conserve sous l'eau
it is luminous in the dark	il luit dans l'obscurité
white or ordinary phosphorus	phosphore blanc ou ordinaire
red or amorphous phosphorus	phosphore rouge ou amorphe
lucifer matches	allumettes
a splint	un baguette
a plane	un rabot
the sulphur-dipping	le soufrage
the dipping into the phosphorus composition	le chimicage, l'application de la pâte phosphorée
paraffin, stearic acid	paraffine, acide stéarique
the composition, paste	la pâte inflammable
to coat with a mixture of phosphorus, potassic chlorate and glue	recouvrir d'un mélange de phosphore, de chlorate de potassium et de colle forte
oxydised red-lead	minium oxydé
drying	la dessication
a drying-room	une étuve
safety matches	allumettes de sûreté
the rubber	le frottoir

wax match	allumette-bougie
hydric phosphide, phos-phoretted hydrogen, **or** phosphorine	hydrogène phosphoré
acids, salts (*No.* 33.)	acides, sels
pyrophosphoric acid, hy-drogen (or hydric) pyro-phosphate	acide pyrophosphorique
metaphosphoric acid	acide métaphosphorique
metaphosphate	métaphosphate
superphosphate (of lime)	superphosphate
phosphorus trichloride	trichlorure de phosphore
phosphorus pentachloride	pentachlorure de phos-phore
phosphorus oxychloride	oxychlorure de phosphore.

38.

Carbon.   Coal.   Charcoal.

CARBONE.   HOUILLE.   CHARBON DE BOIS.

The diamond	Le diamant
it scratches **all** other bodies	il raye tous les corps
glaziers use it for cutting glass	les vitriers l'emploient pour fendre le verre
a convex edge, face	une aréte, une face convexe, courbe
it is ground by its own dust	on le taille avec sa pro-pre poussière

its refractive power (*No.* 19.)	sa puissance réfractive
it refracts light	il réfracte la lumière
a diamond mine	une mine de diamants
to cut diamonds	tailler des diamants
bort, diamond dust	égrisée
graphite, plumbago, black-lead	le graphite, la plombagine, la mine de plomb
hexagonal tables	des lamelles hexagonales
it leaves a dark trace on paper	il laisse une trace noire sur le papier
employed in the manufacture of pencils	employé dans la fabrication des crayons
coal, mineral coal	la *houille*, le *charbon de terre*
impressions (casts) of leaves are found	on trouve des empreintes de feuilles
coal-formation	le terrain houiller
the coal-field, coal deposit	le gisement houiller
the basin	le bassin
the coal-grit, post	le grès houiller
the coal-seam, vein	la couche de houille, la veine
the outcrop	l'affleurement
the coal-pit, coal-mine, colliery	la mine de houille, la houillère
the collier	le houiller
coal mining (*No.* 41.)	exploitation houillère
coal-gas (*No.* 57.)	gaz de houille
anthracite, glance coal, blind coal	l'anthracite
bituminous coal	charbon bitumineux

blacksmith's coal, smithy coal	charbon de forge, houille maréchale
boghead coal	charbon de boghead, le boghead
long flaming coal	houille grasse à longue flamme
caking coal, fat coal	houille grasse
open-burning coal	houille demi-grasse
slate coal, splinter-coal	houille schisteuse
close-burning coal, sandy coal	houille sèche ou maigre
brown coal, lignite	le lignite
jet	le jais
gas coal	charbon à gaz
household coal	charbon pour le chauffage des habitations
steam coal	charbon pour le chauffage des chaudières à vapeur
the calorific effect	l'effet calorifique
the evaporative power	le pouvoir de vaporisation
coal washing	lavage de houilles
coke	le coke
coking	la carbonisation (des houilles)
coking in heaps	carbonisation en tas
coking in piles	carbonisation en meules
coking in ovens	carbonisation en fours
a coke-oven	un four à coke
charcoal, wood charcoal	le *charbon de bois*
to char (to coal) wood	carboniser le bois
the carbonization, charring (coaling) of wood, charcoal-burning	la carbonisation du bois

the charcoal burner	le charbonnier
the place where char-coal is made, the coal-pit	la charbonnière
the charcoal-pile, heap	la meule
lying (or laid) meiler or pile	meule horizontale
standing meiler	meule verticale
the chimney	la cheminée
the top	la chemise
kindling	l'allumage
to kindle at the bottom from the top	allumer par en bas par en haut
sweating	la suée
the brands	les fumerons
to draw the charcoal	tirer le charbon
charring of wood in mounds	carbonisation en tas
a covering of earth	un revétement de terre
an oven, a kiln	un four
the retort	la cornue
a tube	un tube
dry distillation	distillation sèche
the tar-vessel	le tonneau à goudron
pyroligneous acid	vinaigre de bois
wood-spirit	esprit de bois
the yield	le rendement
animal charcoal	charbon animal
bone-black	le noir d'os
the calcination of bones in retorts	la calcination d'os dans des cornues

ivory-black	le noir d'ivoire
lamp-black	le noir de fumée
it is prepared by burning tar or resinous matters	on le prépare en brûlant du goudron ou des résines
China-ink	encre de Chine
absorbing, desinfecting, decolourising properties	propriétés absorbantes, désinfectantes, décolorantes
hydrocarbons, carburetted hydrogens	hydrogènes carbonés, carbures d'hydrogène
ethylene, olefiant gas	gaz oléfiant, éthylène
methyl(ic) hydride, marsh-gas	gaz des marais
cyanogen	cyanogène
potassic cyanide (No.39.)	cyanure de potassium
prussic acid, hydrocyanic acid	acide cyanhydrique, acide prussique
carbonic oxide	oxyde de carbone
carbonic acid	acide carbonique
it is given out by combustion, respiration, fermentation, putrefaction	il se produit par la combustion, la respiration, la fermentation, la putréfaction
carbon(ic) disulphide	sulfure de carbone
vapour of sulphur is passed or driven over red-hot charcoal	on fait passer du soufre en vapeur sur du charbon incandescent
it dissolves caoutchouc	il dissout le caoutchouc
the flame	la flamme
a burning gas	un gaz en combustion

the luminous zone, the area of incomplete combustion	la partie lumineuse
the dark central zone	la partie centrale sombre, le cône obscur
a luminous cone	un cône lumineux
fuliginous, sooty, smoky	fuligineux
the flame owes its brightness to the solid, white-hot carbon	la flamme doit son éclat au carbone solide et incandescent
the Davy or safety lamp	la lampe de sûreté
it prevents explosions	elle prévient les explosions
a wire-gauze cylinder	un cylindre en toile métallique
the gases are cooled down	les gaz se refroidissent
the fire-damp	le feu grisou.

39.

Potassium. Sodium. Potash. Saltpetre. Salt. Soda.

POTASSIUM. SODIUM. POTASSE. SALPÊTRE. SEL. SOUDE.

Potassium	*Le potassium*
it takes fire (kindles) spontaneously on water	il s'enflamme spontanément sur l'eau
potassic hydrate, potassium hydroxide	hydrate de potassium
caustic potash	potasse caustique

slaked lime is added to a boiling solution of potassic carbonate	on ajoute de la chaux éteinte à une dissolution bouillante de carbonate de potassium
hydrogen potassium carbonate, bicarbonate of potash	carbonate monopotassique, bicarbonate de potasse
potassium (or potassic) carbonate	carbonate de potassium, carbonate dipotassique
crude pot-ashes (pots)	la potasse brute, le salin, la potasse cassée
pearl-ash(es) (pearls)	la perlasse
to lixiviate the ashes of burned wood	lessiver les cendres du bois
to evaporate to dryness	évaporer à siccité
a caldron	une chaudière
to stir with an iron rake	agiter avec un ringard
to calcine	calciner
nitre, or (potash) *saltpetre*	*le nitre, le salpêtre*
potassic (potassium) nitrate	azotate de potassium
to lixiviate the soil impregnated with nitre	lessiver la terre imprégnée de salpêtre
the raw lye is broken up	la lessive brute est saturée
rough or crude saltpetre	salpêtre brut
the purification or refining	le raffinage
East-India saltpetre	salpêtre indien
a nitre plantation, nitriary	une nitrière artificielle
gunpowder is an intimate mixture of saltpetre, charcoal, and sulphur	la poudre à canon est un mélange intime de salpêtre, de charbon et de soufre
potassium monoxide	protoxyde de potassium

potassium sulphides	sulfures de potassium
neutral potassium sulphate	sulfate neutre de potassium
hydrogen potassium sulphate	sulfate acide de potassium
potassium iodide	iodure de potassium
potassium chlorate, chlorate of potash	chlorate de potassium
potassium chloride	chlorure de potassium
potassium (or potassic) cyanide	cyanure de potassium
potassium ferrocyanide, or yellow prussiate of potash	ferrocyanure de potassium, prussiate jaune de potasse
Prussian blue	le bleu de Prusse
ferric ferrocyanide	ferrocyanure ferrique
potassium ferricyanide, red prussiate of potash	ferricyanure de potassium, prussiate rouge de potasse
Turnbull's blue	bleu de Turnbull
nitro-ferrocyanide	nitroferrocyanure.
Sodium	*Sodium*
caustic soda	soude caustique
sodium hydroxide	hydrate de sodium
Chili saltpetre	salpêtre du Chili
sodium nitrate	azotate de sodium
converted saltpetre	salpêtre de conversion
Glauber salts	sel de Glauber
sodium sulphate	sulfate de sodium
sodium sulphide	sulfure de sodium
lapis lazuli	lapis-lazuli
ultramarine	outremer
sodic dihydric orthophosphate, or dihydrogen sodium phosphate	phosphate monosodique

disodic hydric orthophosphate, rhombic phosphate of soda	phosphate disodique, phosphate neutre de soude
bicarbonate of soda	bicarbonate sodique
effervescing powder	poudre effervescente ou gazeuse
sodium chloride, salt	*chlorure de sodium, sel*
common or culinary salt	sel commun
sea-salt	sel de mer
rock-salt, sal gem	sel gemme
salt decrepitates in fire	le sel décrépite au feu
the salt-garden	le marais salant
the evaporation of sea-water	l'évaporation de l'eau de mer
the salt-mine	la mine de sel, la salin
the salt-works, saltern	la saline
the graduation	la graduation
the brine, brine-spring	l'eau salée, la source salée
table graduation	graduation par écoulement
drop graduation	graduation sur les épines
roof graduation	graduation sur couvertures
the graduation-house	le bâtiment de graduation
to concentrate	concentrer
the thorn wall	le mur d'épines
the tank	le réservoir de graduation
the spigot	le robinet
the drop-spout	la rigole
the brine is allowed to trickle down the fagots	on fait tomber l'eau salée sur les fagots

the brine-cistern, soole-shiff .... le bassin

the salt-pan .... la chaudière évaporative, le poèle

to evaporate .... évaporer
to saturate .... saturer
the drying- room, stove-room .... l'étuve.

Soda .... *La soude*

carbonate of soda .... carbonate de soude
barilla; salicor .... barille; salicorne
varec; kelp .... varech; kelp
native, artificial, refined soda .... soude native, artificielle, raffinée
crude soda, soda-ash .... soude brute, cendre de soude

sulphuric acid converts common salt into sodium sulphate .... l'acide sulfurique transforme le chlorure de sodium en sulfate de sodium
Leblanc's process .... le procédé Leblanc
the salt-cake, sodium sulphate .... le sulfate de sodium

the salt-cake furnace .... le four à sulfate de sodium
a reverberatory furnace (*No.* 43.) .... un four à réverbère

hydrochloric acid .... acide chlorhydrique
the condensing tower .... le condensateur, la tour à coke

conversion of the sulphate into crude soda by roasting with a mixture of chalk and small coal .... transformation du sulfate en soude brute par grillage avec un mélange de craie et de menue houille

the sodic sulphide and lime-stone produce calcic sulphide and sodic carbonate	le sulfure de sodium et la chaux forment du sulfure de calcium et du carbonate de soude
the balling furnace	le four à soude (à deux étages)
the upper stage	l'ètage supérieur
the working furnace	le four de travail
the decomposing hearth or laboratory	la sole de calcination
the preparation shelf	la sole de préparation
the rake	le râble
to rake, to stir	brasser, remuer
furnace with rotatory hearth	four à sole tournante
an iron cylinder lined with fire-brick	un cylindre de fer revêtu à l'intérieur de briques réfractaires
the black-ash, black ball	la soude brute
by simple filtration	par filtration simple
a tank with a perforated false bottom	une cuve munie d'un faux fond percé de trous
a plug	un tampon
a tap	un robinet
to run off the liquid into the channel	faire écouler le liquide dans le caniveau
washing	le lavage
the mother-water	la lessive, l'eau mère
the lixiviation	la lixiviation
a lixiviating apparatus	un appareil à lixiviation, un lixiviateur

the clearing or settling tank	le bassin de repos
methodical filtration	filtration méthodique
the evaporation	l'évaporation
to evaporate to dryness	évaporer à sec
a boat-pan	une chaudière en bateau
calcined soda	soude calcinée
refined soda	soude raffinée
the soda-crystals, crystallised soda	cristaux de soude, soude cristallisée
soda is used in bleaching, soap-making, glass-making	on emploie la soude au blanchissage, à la fabrication du savon et du verre.

40.

Calcium. Silicon. Aluminium. Lime. Clay. Alum.

CALCIUM. SILICIUM. ALUMINIUM. CHAUX. ARGILE. ALUN.

Lime	*La chaux*
quick lime, caustic lime	chaux vive, chaux caustique
slaked lime	chaux éteinte
calcic hydrate, calcium hydroxide	hydrate de calcium
the slaking (slacking) of lime	l'extinction de la chaux
to swell, to increase	foisonner
air-slaked lime	chaux fusée
fat or rich lime	chaux grasse
poor lime	chaux maigre

wetted lime, dry-slaked lime	chaux étouffée, chaux éteinte à sec
dead lime	chaux morte
lime-water	l'eau de chaux
lime-milk, milk of lime	le lait de chaux
the lime-rake	le râble à chaux
lime-paste	la pâte de chaux
short (rich) lime-paste	pâte courte (liante)
the lime-pit	la fosse à chaux
limestone	le calcaire, la pierre à chaux
to burn lime	cuire la chaux
lime-burning	la cuisson de la chaux
the lime-burner	le chaufournier
the lime-kiln	le four à chaux, le chaufour
annular kiln	four annulaire
periodical kiln	four périodique ou inter-mittent
perpetual kiln, draw-kiln	four continu
the shaft has the form of two truncated cones	la cuve a la forme de deux cônes tronqués
the lining wall	la paroi intérieure
the counter-wall	la contre-paroi
the outer wall	la paroi extérieure
the mouth	le gueulard
threefold kiln	four à trois foyers
mortar	le mortier
to harden, to set	prendre, faire prise
lime mortar	mortier à chaux et à sable
to mix the mortar	gâcher le mortier
building-mortar, common mortar	mortier ordinaire, mortier aérien
hardening	le durcissement

hydraulic mortar	mortier hydraulique
hydraulic lime	chaux hydraulique
slightly hydraulic	moyennement hydraulique
eminently hydraulic	éminemment hydraulique
Roman, Portland cement	ciment romain, de Portland
hydraulic cement	le ciment hydraulique
natural; artificial	naturel; artificiel
trass	le trass
pozzolana	la pouzzolane
to set (harden) under water	prendre (faire prise, durcir) sous l'eau
concrete; beton	le concrète; le béton
calcic sulphate	sulphate de calcium, chaux sulfatée
gypsum	le gypse, la pierre à plâtre
alabaster	l'albâtre
anhydrite	l'anhydrite
calcium chloride	chlorure de calcium
chloride of lime, or bleaching powder	chlorure de chaux
calcium phosphate	phosphate de calcium
superphosphate of lime	superphosphate de calcium
calcium carbonate, carbonate of lime	carbonate de calcium, de chaux
calcareous spar, Iceland spar, double refracting spar	le spath d'Islande
arragonite	l'arragonite
marble	le marbre
chalk	la craie
the stalactite	la stalactite
the stalagmite	la stalagmite

K

calc-tufa, calc-sinter	tuf calcaire.

Silicon	*Silicium*
silicic (silicon) anhydride, silicic dioxide, silica	l'anhydride silicique, l'acide silicique anhydre, la silice
amorphous, crystallised	amorphe
quartz	quartz
rock-crystal	cristal de roche
chalcedony	calcédoine
agate	agate
opal	opale
silicic acid, hydrogen silicate	acide silicique
dialysis	la dialyse
crystalloids	cristalloïdes
colloids	colloïdes
silicic chloride, silicon tetrachloride	chlorure de silicium
silicic (silicon) tetrafluoride (*No.* 37.)	fluorure de silicium
hydric fluoride	acide fluorhydrique
hydro-fluo-silicic acid	acide hydrofluosilicique
silicon hydride	hydrogène silicié
potassium silicate	silicate de potassium
mica	le mica
feldspar	le feldspath
granite	le granite
disintegration	la désagrégation.

Clay	*Argile*
fire-clay	argile réfractaire
porcelain clay, kaolin earth	le kaolin, la terre à porcelaine

plastic clay	argile plastique
plasticity	la plasticité
fusible clay	argile fusible
potter's clay	la terre glaise, terre à potier
fuller's earth	terre à foulon, argile smectique
effervescing clay	argile effervescente
marl	la marne
calcareous marl	marne calcaire
clayey marl	marne argileuse, argile marne
sandy marl	marne sableuse
ochrey clay	argile ocreuse
bole	le bol.
Aluminium	*Aluminium*
bauxite	la bauxite
cryolite	la cryolithe
corundum	le corindon
sapphire	le saphir
ruby	le rubis
emery	l'émeri
aluminic (aluminium) oxide, or alumina	oxyde d'aluminium ou alumine
aluminium sulphate	sulfate d'aluminium
ultramarine	l'outremer
the lapis lazuli	le lapis-lazuli
acetate of alumina	acétate d'aluminium
red liquor	le mordant rouge
hypochlorite of alumina	hypochlorite d'aluminium
Wilson's bleaching-liquor	le liquide décolorant de Wilson

alum	*l'alun*
aluminium potassium sulphate	sulfate double d'aluminium et de potassium
ammonia alum	alun d'ammonium
common or potash-alum	alun de potassium
burnt alum	alun calciné
Roman alum	alun de Rome
feather alum, hair-salt	alun de plume
concentrated alum	alun concentré
the alum-work	l'alunerie
alum-ores	minerais d'alun
raw material	la matière première
the alum stone	la pierre d'alun
alum schist, alum slate	le schiste alumineux
alum earth	la terre alumineuse
roasting	le grillage
the lixiviation	le lessivage
to lixiviate in stone-built cisterns	lessiver dans des cuves en pierre
the crude lixivium	la lessive brute
the evaporation, the concentration (*No.* 39.)	l'évaporation, la concentration
clearing	la clarification
the sediment	le sédiment
the precipitation	la précipitation
the precipitation cistern	la cuve à précipitation
the precipitant	le précipitant ou flux
the flour, or powder of alum	l'alun en farine ou en poudre
the washing or edulcoration	le lavage ou édulcoration
a centrifugal machine	un appareil centrifuge
the crystallisation	la cristallisation

the rocking casks	les cristallisoirs ou mas ses
a cask	un tonneau
a stave	une douve
a hoop	un cercle.

41.

Mining. Metallurgy.

EXPLOITATION.	MÉTALLURGIE.
Geological formation	Formation géologique
primary rocks, primitive formation	roche primitive, originaire
secondary formation	roche secondaire, strati- forme
stratified	stratifié
unstratified	non stratifié
the layer, stratum (pl. strata)	le lit, la couche, l'assise
transition rock	roche de transition
the dip, or inclination	l'inclinaison
the direction	la direction, l'allure
the deposit	le gite, le camp
the mass, shode	le bloc -
flat shode	bloc couché
nests, concretions, nodules	des minerais en rognons
lode, vein	le filon
the clift, rent	la fente, la crevasse
the bed	la couche, le lit
the gangue, rubbish	la gangue, la roche

the rubbish	les déblais
disseminated	disséminé
rake vein	filon droit, perpendiculaire
the thickness, power	la puissance
the interlaced mass, or vein	le massif de minerai, ou amas entrelacé
accumulated veins, pockets	gites en poches
the coal seam, layer of coals, coal vein	le banc de houille, la couche de houille
the parting	le clivage, la fissure
back	le plan de couche
the upper wall, hanging wall, roof	le toit
the under wall, floor-pavement, foot-wall, underlaying wall	le mur, le lit
the outcrop	l'affleurement, le soppement
the dislocation, fault, throw	le rejettement, le rejet, le saut
the upcast dyke, upcast fault, upcast, upthrow	le relèvement
down cast dyke, downcast fault	le renfoncement
the dyke, fault, slide, slip, bar	la faille, le crain (filon stérile)
the hitch (small and partial slip), channel	le crein, le crain (petite faille)
troubles	accidents
open working	ouvrage (exploitation, travail) à ciel ouvert

subterraneous working, underground winning	exploitation souterraine
boring	la perforation, le forage
tools	l'outillage, les outils des mineurs
the pick	le pic à roc
the poll pick	le pic à téte
the gad, wedge	le coin en fer, l'aiguille
the shovel	la pelle
the wheelbarrow	la brouette
the kibble, or bucket	le seau, la tonne, la tine, la benne
blasting, or shooting	le percement
the sledge, or mallet	la massette, le petit marteau de mine
the borer	l'aiguille, la barre à mine, le fleuret
the scraper	le grattoir, la curette
the needle, or nail	l'épinglette
the claying bar	le pilon, le boulon
the tamping bar	le bourroir
tamping, tamping the borehole	le bourrage du trou de mine
the powder	la poudre
the cartridge	la cartouche
the pit, or shaft	le puits
the gallery, stulm	la galerie
to sink a shaft	creuser un puits
tubbing	le cuvelage, le tubage
plank tubbing, wood-tubbing, solid tubbing, crib-tubbing	cuvelage (tubage) en bois (circulaire)
metal tubbing	cuvelage en fonte .
the quicksand	le sable mouvant

the traverses	les traverses
the joints	les joints
the crib, curb	le rouet, la trousse
wedging crib	rouet ou trousse à picoter
shaft-timbering	le boisage des puits
walling, ginging	le muraillement
walled shaft	puits muraillé
winning	l'exploitation
coal mine, colliery	la houillère, la mine de houille
coal formation	le terrain houiller
draining, drainage, discharging	l'exhaure, l'épuisement
the adit-level, adit, sough	la galerie d'écoulement
wind-way, air-head	galerie d'aérage
drift, gallery, level	galerie d'allongement, voie, chantier
gallery-head-way	galerie de fond
road, rolley-way, gate-way	galerie de roulage, voie, chantier
cross-cut	galerie à travers banc, la bouvette, la bowette
the stope, or step	le gradin, le stross, le maintenage
long wall, broad wall, long-way-work	exploitation par gradins couchés en grandes tailles
working in direct steps	ouvrage en gradins droits
working in reverse steps	ouvrage en gradins renversés
working by the mass, of large mass	ouvrage en masses ou en amas
the pillar	le pilier, le massif

the stage, or floor	le massif de minerai
cross-working	l'ouvrage en travers
to drive galleries	percer des galeries
the face of the working, the breast, the cut	la taille, le front de taille, le maintenage
to be worked	être exploité
to work a mine, a vein	exploiter une mine, une veine
working by fire	l'exploitation par feu
working with post and stall	l'exploitation par galeries et piliers
the room, board, stall	la taille, voie, coistresse
crop or rising gallery	galerie ou taille montante
a pillar	un pilier
a prop	un étai
pannel work	le dépilage par comparti- ments (méthode par pan- neaux)
a pannel worked out	un compartiment dépilé
the gobbin, or gobb-stuff	les remblais
a holer	un haveur
to hole, or pool; holing	haver; le havage
the punch, puncheon, stampel, prop	l'étai ou étaie, le mon- tant
the getter	l'abatteur
to strip the vein	dégager la couche
the butty-man	le coupeur de mur
timbering	le boisage
the upright, stanchion	le montant (d'un cadre dans le boisage d'une galerie)
the sole	la sole, la semelle
the cap	le chapeau

the facing boards	le planchetage
the sides	les parois latérales
to support, to stay	étayer, étançonner
to fill up (with rubbish)	remblayer, restabler, re-bourer
walling	le muraillement
conveyance underground	le roulage
the hutch, basket	l'auge, le panier
the sledge, skip	le traineau
the tram, wheel-barrow	la brouette
the trammer, barrow-man	le rouleur, traîneur, hiercheur
the rolley	le wagon de mine ou de roulage, le chien de mine
the deep-pit	la bure
double, triple, quadrant pit	puits de deux, de trois, de quatre compartiments
the ventilation of mines	l'aérage, la ventilation des mines
the air-shaft, air-pit	le puits d'aérage
a trap-door	une trappe d'aérage
the air-furnace, ventilating furnace	le foyer d'aérage
the downcast (upcast) shaft	le puits d'entrée (de sortie) d'air
the fan, fanner, ventilating fanner	le ventilateur, la machine pneumatique
the drawing-shaft, whim-shaft	le puits d'extraction
the drawing-cage	la cage d'extraction
the tub, tun	le cuffat, la couffade
the safety apparatus	le parachute

the whim	le baritel
the engine-pit, pump-pit	le puits d'épuisement, d'exhaure
the hoggar, hoggar-pump	le tuyau déversoir
wind-bore, snore-hole piece	tuyau d'aspiration
delivery-pipe	tuyau de refoulement
the pump-spear	la tige du piston
the pump-rod	la tige de pompe
the sump	le puisard
the water-feeder	la venue d'eau
the man-engine	les échelles mobiles **ou** fahrkunst
the ladder	l'échelle
the rods of a man-engine	les tiges de fahrkunst
the platform, step	la botte, le marchepied.

Metallurgy

Métallurgie

the dressing or mechanical preparation of ores and coals	la préparation mécanique des minerais **et** des houilles
the dressing floor, washing place	le lavoir
washing	te lavage
ragging	la séparation
to rag	séparer
the ragging hammer	le gros marteau
spalling, bucking	le scheidage, triage
the spaller	le marteau à scheider
sizing apparatus	appareils de criblage
the riddle, sieve	le tamis, le rætter, le crible

the circular riddle, (sizing-) trommel	le trommel, le cylindre classeur
flat separating sieve	crible plan, tamis plan
separation	la séparation
crop	le minerai de scheidage
the jigging sieve	le crible
the hand jigging or brake sieve, percussion-jig(ger)	le crible à cuve
machine jigger	le crible
plunger-jig (or jigger)	crible hydraulique
the crushing mill	le moulin à minerais
the rolling mill	le laminoir
the roller	le rouleau
the stamping mill, pool-work	le bocard, le bocambre
the stamp, pestle	le pilon
a battery or set	plusieurs pilons qui travaillent ensemble dans une caisse du bocard
the cofer, or battery box	la caisse, l'auge du bocard
the stamp grate	la grille du bocard
the lifter, or stem	le levier
the guides	les glissières
the stamp-shoe-head	le sabot du pilon
the bottom	la semelle en fer du bocard
the cam-shaft	l'axe de la roue du bocard
the cam	la came
the tappet	le taquet
the stamped ore, or sand	la farine de minerai

the slime	la vase
the tye, strake	la caisse allemande, le caisson
the budde, frame	la table
the round budde	la table conique, le rond buddle
sleeping table, or sweep table	table dormante, table à balais
percussion table or frame	table à secousses ou table mobile
frame covered with toils	table à toile
the assay of ores	l'essai des minerais
mechanical assay	essai mécanique
the roasting of ores	le grillage des minerais
roasting in heaps	grillage en tas
the roasting furnace, kiln for roasting ore	le four de grillage
the furnace	le fourneau
smelting	la fonte, la fusion.

42.

Tin. Zinc.

ÉTAIN. ZINC.

Tin	*L'étain*
tin-stone	la cassitéride
in disseminated masses, called stockwerks	en masses disséminées, nommées stockwerks
in veins, tin-floors	en filons

tin pyrites	l'étain pyriteux
alluvial tin-ore	le minerai d'alluvion
the reduction furnace	le fourneau à manche
the shaft	la cuve
the sole-stone	la pierre du fond
the fore-hearth	l'avant-creuset
block-tin	zinc en saumons ou en blocs
refining	le raffinage
liquation	la liquation
putty, putty powder	la potée d'étain
tin-ash	la crasse d'étain
a bar of tin, when bent, produces a crackling sound, called the creaking of tin	lorsqu'on plie un saumon d'étain on entend un craquement, qu'on nomme le cri de l'étain
stannic acid	acide stannique
metastannic acid	acide métastannique
stannous oxide	oxyde stanneux
stannic (stannous) chloride	chlorure stannique (stanneux)
tin-salt	sel d'étain
used in dyeing as a mordant	employé en teinture comme mordant
sodium stannate, tin prepare liquor	stannate de sodium, sel d'apprêt
stannic sulphide	sulfure stannique ou bisulfure d'étain
mosaic gold, musive gold	or mussif
tin-foil	feuille d'étain
tin plate	fer-blanc
crystallised tin-plate	moiré métallique
tinning	l'étamage

to tin kitchen utensils — étamer les ustensiles de cuisine

foliation, silvering — étamage ou mise au tain

the foil · — le tain

Zinc — *Le zinc*

calamine — la calamine

zinc carbonate — carbonate de zinc

(zinc-) blende — la blende

zinc sulphide — sulfure de zinc

red zinc ore, zinkite — zinc oxydé rouge

the Silesian (Belgian, English) method — système silésien (belge, anglais)

the muffle — le moufle

the retort — la cornue

the adapter — l'allonge

the crucible — le creuset

distillation per descensum — la distillation par descensum

zinc tarnishes in the air — le zinc se ternit dans l'air

zincing — le zincage

galvanised iron — fer galvanisé

zinc sulphate — sulfate de zinc

white vitriol, zinc-vitriol — vitriol blanc, couperose blanche

zinc oxide, zinc-white — le blanc de zinc, l'oxyde de zinc

used as a pigment in place of white-lead — employé dans la peinture au lieu de blanc de plomb.

43.

Lead. Mercury. Copper.

PLOMB. MERCURE. CUIVRE.

Lead	*Le plomb*
it is scratched by the finger-nail	on peut le rayer avec l'ongle
the bright surface becomes tarnished in moist air	la surface brillante se ternit dans l'air humide
a film of oxide	une mince couche d'oxyde
galena	la galène
lead sulphide	sulfure de plomb
cerusite	la cérusite
lead (plumbic) carbonate	carbonate de plomb
lead (or plumbic) sulphate	sulfate de plomb
pyromorphite, phosphate of lead	pyromorphite, plomb phosphaté
method by double decomposition	méthode par précipitation
process by affinity	méthode par grillage et réaction
the reverberatory furnace	le four à réverbère
the tap-hole	le trou de coulée
the work- (or working) door	la porte de travail
the back-side	le côté postérieur
the front-side	le côté où s'effectue la coulée, le côté antérieur

the bed, hearth, sole	la sole
to feed the charge	charger
the hopper	la trémie
the dust (condensing) chamber	la chambre de couden- sation
to draw out the slags	retirer la scorie
the rake	le rable
the outer basin, lead pot	le creuset extérieur
lead matt	la matte plombeuse
raw (crude) lead	le plomb d'œuvre
cupellation, Pattinson's process (*No.* 44.)	la coupellation, le pattin- sonage
refined lead	plomb raffiné
hard lead	plomb dur
litharge	la litharge
massicot	le massicot
lead monoxide	protoxyde de plomb
red lead	le minium
red oxide of lead	oxyde de plomb inter- médiaire
salts of lead	sels de plomb
lead or painter's colic	la colique des peintres, colique saturnine
plumbic (or lead) nitrate	azotate de plomb
chrome-yellow	jaune de chrome
plumbic (lead) chromate	chromate de plomb
sugar of lead	le sucre ou sel de Saturne
plumbic (lead) acetate	acétate de plomb
acetic acid	acide acétique
white-lead	la céruse ou blanc de plomb
body	la propriété couvrante
Clichy process	méthode française
Dutch method	procédé hollandais

L₃

a bed of dung or tan	une couche de fumier ou de tannée
strips of lead rolled into spirals (coils)	des lames de plomb roulées en spirale
the pot, jar	le pot
vinegar	le vinaigre
to subject to the action of the vapour of acetic acid	exposer à l'action des vapeurs d'acide acéti que
basic chloride of lead	chlorure de plomb basique
Krems white lead	blanc de Krems
pearl white	blanc de perle.
Mercury (or quicksilver)	*Le mercure*
cinnabar, vermilion	le cinabre, le vermillon
the condensing chamber	la chambre de coudensation
mercuric sulphide	sulfure mercurique
mercurous sulphide	sulfure mercureux
mercuric (mercurous) oxide	oxyde mercurique (mercureux)
corrosive sublimate	le sublimé corrosif
mercuric chloride	chlorure mercurique
calomel	le calomel
mercurous chloride	chlorure mercureux
horn mercury	mercure corné
white precipitate	le précipité blanc
amalgam (*No.* 33.)	l'amalgame
fulminating mercury	mercure fulminant, fulmi nate de mercure
the ranges of aludels	les files (séries) d'aludelles
the terrace	la terrace
a gutter	une rigole
mercurial vapours	vapeurs mercurielles.

Copper	*Le cuivre*
copper ores	minerais de cuivre
native copper	cuivre natif
copper sand, copper barilla	sable de cuivre, barille de cuivre
copper glance	cuivre sulfuré, sulfure cuivreux
red oxide, red copper	cuivre oxydulé, cuivre rouge
copper pyrites	cuivre pyriteux, pyrite cuivreuse
variagated copper ore	cuivre panaché
malachite	la malachite
azurite	l'azurite
grey copper	cuivre gris
the extraction of copper	l'extraction du cuivre
continental method	méthode continentale
shaft-furnace	fourneau à cuve
tuyère (*No.* 45.)	tuyère, etc.
the smelting-pot	le creuset
the crude or coarse slag	la scorie pauvre
roasting of the regulus	le grillage de la matte
the refined regulus	la matte de concentration
refining in the German hearth	le raffinage au petit foyer
the crucible	le creuset
rose-copper	cuivre rosette
a disc, cake	une rondelle
a refinery furnace	un four de raffinage
the smelting hearth	la sole de fusion
liquation	la liquation
Welsh process	méthode galloise
to mix the ores	mélanger les minerais

a lot	un lot
a flux	un fondant
fluor spar	le spath fluor
roasting, calcination	le grillage
the roasting furnace, calciner	le four de grillage
copper smoke	les fumées de cuivre
melting for coarse metal	la fusion pour matte brute ou matte bronze
the ore furnace	le four de fusion
the mat, regulus	la matte
the tap-hole	le trou de coulée
a gutter	une rigole
to be granulated	se grenailler
calcination of the coarse metal	grillage de la matte bronze
fusion for fine metal	fusion pour matte blanche
roasting of the fine metal	rôtissage de la matte blanche
black copper	cuivre noir
blistered copper	cuivre ampoulé
to cast into ingots (pigs) in sand moulds	couler en lingots (en saumons) dans des moules en sable
refining	l'affinage
toughening	le raffinage
a proof	un essai
poling	le brassage
to pole	brasser
a pole of birch-wood	une perche en bois de bouleau
refinery slag	la scorie d'affinage
overfined, dry	surraffiné, sec

cementation — la cémentation

    exhausting the ores — le lessivage des minerais

    blue water — eaux cémentatoires ou vitrioliques

    to precipitate — précipiter

    cement copper — cuivre de cément

cupric (cuprous) oxide — oxyde cuivrique (cuivreux)

copper sulphate — sulfate de cuivre

    blue vitriol — le vitriol bleu, la couperose bleue

cupric, cuprous chloride — chlorure cuivreux, cuivrique

copper carbonate (nitrate) — carbonate (azotate) de cuivre

verdigris — le vert-de-gris

    acetate of copper — acétate de cuivre

    basic ; neutral — basique ; neutre

    acetic acid — acide acétique

    French verdigris — vert-de-gris bleu ou français

    a bunch — une grappe

copper pigments — couleurs de cuivre

Brunswick green — vert de Brunswick

Bremen blue — bleu de Brême

Scheele's green, or mineral green — vert de Scheele ou vert minéral

mineral blue — bleu minéral ou bleu de montagne

alloys (*No.* **33.**) — alliages.

44.

Silver. Gold. Gilding. Assay.

ARGENT.   OR.   DORURE.   ESSAI.

Silver	*L'argent*
native silver	argent natif
argentiferous ores	minerais argentifères
silver glance, vitreous silver	argolyse, argent sulfuré, argent vitreux
silver sulphide	sulfure d'argent
ruby silver, pyroargyrite, dark-red silver	argent rouge foncé, argent antimonié sulfuré, sulfo-antimoniure d'argent
light-red silver, proustite	argent rouge clair, argent arsénio-sulfuré, proustite
horn silver	argent corné
silver (argentic) chloride	chlorure d'argent
copper ores (*No.* 43.)	minerais de cuivre
argentiferous galena	galène argentifère
cupellation (*No.* 43.)	la coupellation
the cupelling furnace	le four de coupellation
a reverberatory furnace	un four à réverbère
the sole	la sole
the fire-place	le foyer
marl	la marne
the scum, froth, abstrich	l'écume, l'abstrich
the small aperture for giving issue to the litharge	le trou de coulée des litharges
the outlet (gutter, escape) for the litharge	la voie (rigole) des litharges

yellow litharge	litharge d'argent
red litharge	litharge d'or
a sheet-iron dome	un dôme en tôle
suspended by chains	suspendu par des chaînes
a crane	une grue
internally plastered with fire-clay	garni intérieurement d'argile réfractaire
a thin film of litharge	une pellicule de litharge
brightening, fulguration	l'éclair
the Pattinson process	le pattinsonage
desilverizing	la désargentation
to melt up in a pot	fondre dans une chaudière
the molten mass is allowed to cool	on laisse refroidir la masse liquide
to ladle out the crystals	enlever les cristaux au moyen d'une cuiller
the perforated ladle	la cuiller percée de trous
the high system, two-thirds system	la méthode par tiers
low system, $\frac{7}{8}$ system	méthode par huitièmes
rich lead	plomb riche
poor lead	plomb pauvre
to enrich the lead	enrichir le plomb
enriching	l'enrichissement
refining	le raffinage
the test	le têt
the muffle	le moufle
refined silver	argent raffiné
extraction by the wet (dry) method	extraction par voie humide (sèche)

lixiviation	la lixiviation
roasting (*No.* **43.**)	le grillage
amalgamation	l'amalgamation
patio amalgamation	amalgamation américaine
the arrastra or grinding mill	l'arrastre ou moulin
the lama or slime	la bouillie
the patio or amalgamation floor	la cour dallée, appelée patio
to tread the heaps (tortas)	piétiner les tas
treading (repaso)	le piétinement
the addition of magistral	l'addition du magistral
distillation by the bell or capellina	la distillation dans le fourneau à cloches
Freiberg process	procédé de Freiberg
the amalgamation cask	le tonneau d'amalgamation
teller (or dish) silver	argent d'assiette
silver (or argentic) nitrate	azotate d'argent
lunar caustic	la pierre infernale
marking ink	l'encre à marquer
the spitting of silver	le rochage
fulminating silver	argent fulminant
silvering	l'argenture
by plating	par placage
to silver	argenter
silvering with the cold bath	argenture à froid
silver-plating by dipping	argenture par voie humide
silver-leaf	les feuilles d'argent
plating by mercury	argenture au feu
electro-silvering (*No.*27.)	argenture galvanique.

Gold	*L'or*
native gold	or natif
in form of spangles or grains	sous forme de paillettes ou de grains
the lump, pepita, nugget of gold	la pépite
gold-dust	la poudre d'or
wash gold	or de lavage
the digging, gold-mine	la mine d'or
the gold-finder, gold-seeker	le chercheur d'or
auriferous sand	le sable aurifère
to crush	broyer
to wash in wooden tubs or on inclined tables	laver dans des sébiles de bois ou sur des tables inclinées
the cradle	le berceau
parting	le départ
quartation	l'inquartation
refining	l'affinage
gold-foil	feuille d'or
gold-leaf	or en feuilles, or battu
Dutch gold	or en coquille, or moulu, bronze d'or
beating	le battage
an ingot	un lingot
gold-beater's skin	la baudruche
aurous chloride	chlorure aureux
auric chloride	chlorure aurique
purple of Cassius	le pourpre de Cassius
aqua regia dissolves gold	l'eau régale dissout l'or
aurum potabile	or potable
fulminating gold	or fulminant.

Gilding	*La dorure*
to gild	dorer
oil gilding	dorure à l'huile
burnished gilding, gilding in distemper	dorure en détrempe
the glue coating	l'encollage
to clean with a sponge	dégraisser avec une éponge
shave-grass	la prêle
to ungrain	égrainer
to yellow	mettre le jaune
the coat of assiette, trencher coat	la couche d'assiette
the gold leaf is applied with a brush	on applique les feuilles d'or avec un pinceau
the cushion	le coussin du doreur
to mend	ramender
bloodstone	la sanguine
varnish	le vernis
wash or water gilding	dorure au feu
gilding by mercury	dorure au mercure
the preparation of the amalgam	la préparation de l'amalgame
the mercurial solution	la solution mercurielle
annealing	le recuit
decapage	le décapage
to dip in sulphuric (nitric) acid	plonger dans de l'acide sulfurique (azotique)
to dry with sawdust	sécher avec de la sciure de bois
a scratch-brush of brass wire	une gratte-brosse en fils de laiton
to volatilise the mercury	volatiliser le mercure

volatilisation	la volatilisation
pincers	les pinces
to repair the defective spots	corriger les endroits **défectueux**
to burnish	brunir
the burnisher	le brunissoir
deadening	la mise au mat
to deaden	mettre au mat, donner le mat
to protect	réserver, épargner
protection	l'épargne
colouring	la mise en couleur
ormolu	l'or moulu
red-gold colour	la teinture d'or rouge
gilder's wax	la cire à dorer
the draught furnace	le fourneau d'appel
the deadening pan	le poêlon à mater
gilding by immersion, by dipping	dorure au trempé ou **par** immersion
cold gilding	dorure à froid
electro-gilding (*No*. 27.	dorure galvanique.
The assay of alloys	*L'essai* des alliages
assay by the dry (wet) method	essai par voie sèche (humide)
titration	méthode volumétrique
the assayer	l'essayeur
assay of silver, of gold	essai d'argent, d'or
to assay	essayer
a sample	un échantillon
cupellation	la coupellation
the muffle	le mouffle
the cupel, test	la coupelle

the button (regulus)	le bouton
the touch-needle	le toucheau
the touch-stone	la pierre de touche
fine silver	argent fin
the standard	le titre
the standard of French gold coins is $^9/_{10}$	la monnaie d'or de France est au titre de $^9/_{10}$.
the law allows a variation (an allowance) of $^3/_{1000}$	la loi accorde une tolérance de $^8/_{1000}$.

45.

Blast Furnace. Iron. Steel.

HAUT FOURNEAU. FER. ACIER.

1. *The blast furnace.*	1. *Le haut fourneau.*
The mouth, or throat	Le gueulard
the diameter of the mouth	le diamètre du gueulard
the shaft	la cuve
the cone, or body	la cheminée supérieure, la grande masse du fourneau
the belly	le ventre
the boshes	les étalages
the slope or inclination of the boshes	l'inclinaison des étalages
the form of two frustums of (or two truncated) cones meeting each other at their base	la forme de deux cônes tronqués superposés par leur base
the lining, or in-wall	la chemise ou paroi intérieure
the rough wall	le massif, le muraillement
the hearth	l'ouvrage

the crucible, or hearth	le creuset
the side stones	les costières
the back stone	la rustine
the tuyere stone, blast-stone	le contre-vent
the front or tymp stone	la tympe
the tymp plate	le fer de tympe
the bottom stone	la sole
the tuyere, twyer	la tuyère
the nozzle	la buse
the eye	l'œil
the nose	le museau
hot (cold) blast	l'air chaud (froid)
the blowing-machine, blast-machine	la soufflerie, la machine soufflante
the heating furnace	le four à chauffer l'air
the breast-pan	l'avant-creuset
the dam-stone	la dame
the breast	la poitrine
the work-arch, tymp-arch	l'encorbellement de la tympe, l'embrasure de travail
the tuyere arch, tuyere house	l'encorbellement des soufflets, l'embrasure de tuyère
the charging-platform	la plate-forme
the bridge	le pont de gueulard
the furnace-hoist, lift	le monte-charge
an inclined plane	un plan incliné
charcoal furnace	fourneau au charbon de bois
coke furnace	fourneau au coke
the collecting or taking-off of the gases	la prise des gaz

to draw off and utilise the waste gases	recueillir et utiliser les gaz perdus
the hopper	la trémie
the cone	le cône
the cup and cone	la trappe conique
waste heat	la chaleur perdue
to dry, to heat the furnace	sécher, fumer le fourneau
to blow in, to put in blast	mettre le fourneau en feu, en activité
blowing-in	la mise en feu
blowing-out	la mise hors feu
to blow out	mettre hors feu, arrêter
a campaign	une campagne
to throw (or blow) air into the furnace	injecter l'air
to turn on (or apply) the blast	donner le vent
to stop the blast	arrêter le vent
to charge the furnace	charger le fourneau
charging	le chargement
the charge, burden	la charge
the flux	le fondant
the limestone-flux	la castine
the clay	l'erbue
the batch	le lit de fusion
the descent of the charges	la descente des charges
working, working order	l'allure, la marche
regular, good working	bonne marche, allure régulière
irregular working	allure irrégulière
hot (cold) working	allure chaude (froide)
a scaffolding	un engorgement
the carbonic oxide reduces the ferric oxide	le gaz oxyde de carbone réduit l'oxyde de fer

cinder, slag	le laitier
the first heating zone	la zone de dessiccation ou de distillation
the reduction zone	la zone de réduction
the carburation zone	la zone de carburation
the melting zone	la zone de fusion
the combustion zone	la zone de combustion
to tap	percer
the tap-hole, tapping-hole	le trou de coulée
the stopper of clay	le tampon d'argile
a channel or run, dug in sand	un canal creusé dans du sable
the pig	la gueuse.

2. *Iron ores*

2. *Minerais de fer*

magnetic iron ore, black, or magnetic oxide of iron	fer magnétique, fer oxydulé, oxyde magnétique
loadstone	la pierre d'aimant
magnetic iron pyrites	la pyrite magnétique
red hæmatite, red oxide	l'hématite rouge
bloodstone	la sanguine
ferric oxide, iron sesquioxide	oxyde ferrique
specular iron ore	fer spéculaire, fer oligiste
silicious ironstone	fer oxydé siliceux
brown hæmatite	hématite brune
bog ore	la mine des marais, la limonite
spathose, spathic or sparry iron ore	fer spathique
ferrous carbonate	carbonate ferreux
clay ironstone	fer argileux
brown ironstone	fer hydroxydé

yellow ironstone	fer oxydé jaune
pea iron ore	fer pisiforme
franklinite	la franklinite
blackband, or carbonaceous iron ore	le blackband
mispickel	le mispickel
iron pyrites	la pyrite
ferric sulphide, iron bi-sulphide	bisulfure de fer
native iron is found in meteoric stones	on trouve le fer natif dans les météorites
nickeliferous or meteoric iron	fer météorique.

3. *Iron*	**3.** *Le fer*
pure iron	fer pur
ferrous, ferric oxide	oxyde ferreux, ferrique
colcothar	le colcothar
ferric hydrate [*No.* 33	hydrate ferrique
ferrous, ferric chloride	chlorure ferreux, ferrique
ferrous sulphate	sulfate ferreux
green vitriol	vitriol vert, couperose verte
potassic ferrocyanide (*No.* 39.)	ferrocyanure de potassium
iron plate	la tôle
boiler-plate	tôle à chaudière, tôle forte
corrugated plate	tôle ondulée
galvanised iron	fer galvanisé
tin-plate	fer-blanc
malleability	la malléabilité
malleable (*No.* 1.)	malléable

to roll	laminer
tenacity, tenaceous	la ténacité ; ténace
ductility	la ductilité
ductile	ductile
to draw out into wires, to wire-draw	étirer en fils
the draw-plate	la filière
the gauge	la jauge
to weld	souder
the texture of iron	la texture du fer
granular texture	texture grenue
fibrous	fibreuse
crystalline	cristalline
fibrous iron	fer nerveux
fracture	la cassure
fine-grained iron	fer à grain fin, fer dur
coarse-grained	à gros grains
cold-short iron	fer cassant à froid, fer tendre
hot-short, red-short	fer cassant à chaud, fer métis
hot (cold) blast iron	fonte à l'air chaud (froid)
cast-iron, or pig-iron	la fonte
gray pig-iron	fonte grise
white pig-iron	fonte blanche
mottled pig-iron	fonte truitée
charcoal (coke) pig	fonte au charbon de bois (au coke)
white pig-iron with a granular fracture	le floss à fleurs
spiegeleisen	fonte (blanche) miroitante
fine metal, fine iron	fonte mazée, fine-métal
foundry-pig	fonte de moulage
merchant iron	fer marchaud

M

soft iron	fer mou
scrap-iron	fer de riblons, fer de masse
weld-iron	fer soudé
ingot-iron	fer fondu
malleable iron, **wrought** iron	fer malléable, fer ductile
bar-iron	fer en barres
fined iron	fer affiné
puddled iron	fer puddlé
rolled iron	fer laminé
iron filings	la limaille de fer
(iron) scales	la battiture de fer
rust; to rust	la rouille ; se rouiller.

4. *Founding*	4. *La fonderie*
the founder	le fondeur
an iron foundry	une fonderie de fer
a crucible	un creuset
a reverberatory furnace (*No.* 43.)	un four à réverbère
re-melting	la seconde fusion
the cupola furnace	le cubilot
the shaft	la cuve
the interior lining	la chemise ou enveloppe intérieure
a gutter lined with loam	une gouttière intérieurement garnie d'argile
the hoops	les armatures
the charcoal mill	le moulin à noir
to black	noircir
the crane	la grue
the ladle	la poche
the stove, drying stove	l'étuve

the pit	la fosse
moulding	le moulage
green sand moulding	moulage en sable vert (ou maigre)
dry sand moulding	moulage en sable gras
loam moulding	moulage en terre
shrinking, shrinkage	la retraite
to distort	se déjeter
a mould	un moule
dead mould	moule perdu
the moulder	le mouleur
the pattern	le modèle
open sand moulding	moulage à découvert
flask moulding	moulage en châssis
the flask, the box	le châssis
the upper box, the cope	le châssis supérieur
the lower box, the drag	le chassis inférieur
a moulding-board	une planche à mouler
the gate, ingate, git	le jet
an air-gate	un évent
the head, the sullage-piece	la masselotte
the core, the newel	le noyau
the false core, the draw-back	la pièce de rapport
the core-box	la boite à noyau
the lantern	la lanterne
the templet	l'échantillon, le calibre
the thickness	la chemise, le modèle
casting in iron moulds, case-hardening	le moulage en coquilles
pouring	le coulage
the ingot-mould	la lingotière.

5. *Malleable Iron*
the extraction of malleable iron directly from the ores
Catalan method
the Catalan forge
the bloomery hearth, bloomery fire
the stuck-oven or salamander furnace
refining
to convert crude iron into malleable iron
refining on a hearth
the German refining process
  a German forge
  the hearth, or crucible
  the plate
  the bottom plate
  the front plate
  the tuyere plate
  the back plate
  the floss hole
  the loup, bloom, lump
  the bloom, slab
  stirring up, raising up
  to break up
  to shingle
the Walloon process

English method of refining
refining

5. *Fer ductile*
l'extraction directe du fer ductile

méthode catalane
la forge catalane
le foyer à loupe

le fourneau à loupe

l'affinage
transformer la fonte en fer ductile

l'affinage au petit foyer
l'affinage à l'allemande
  une forge à l'allemande
  le creuset
  la taque
  la taque de fond, la sole
  le laiterol ou chio
  la varme
  la rustine ou haire
  le chio
  la loupe
  la maquette, le lopin
  le soulèvement
  avaler
  cingler
la méthode suédoise, le procédé wallon

méthode anglaise
le raffinage, le mazéage

the refinery furnace, the finery	la finerie, le feu de finerie
the rectangular hearth	le creuset rectangulaire
the water-blocks	la caisse à eau
slag	la scorie
fine metal	le fine-métal
the tap (tapping) hole	le trou de coulée
puddling	le puddlage
dry puddling	puddlage sec
boiling, or wet puddling	puddlage au four bouillant
the puddling furnace	le four à puddler
reverberatory furnace (*No.* 43.)	four à réverbère
the fire-place	le foyer
the grate (*No.* 52.)	la grille
the hearth, the bottom-plate	la sole
the fire-bridge	l'autel
the working door	la porte de travail
to charge the iron	introduire le fer
the damper	le registre
to regulate the draught	régler le tirage
to become pasty	devenir pâteux
to puddle	puddler (brasser)
the rabble	le crochet ou rabot
the balling up	le ballage
the (puddle-) ball	la balle
to withdraw, to lift out the ball with the tongs	retirer la balle avec la tenaille
revolving furnace	fourneau rotatif (ou tournant)
shingling	le cinglage
to shingle	cingler

the hammer, forge-hammer	le marteau
the steam-hammer	le marteau-pilon
the cylinder, etc. (*No.* 52,4.)	le cylindre, etc.
front-hammer	marteau frontal
lift-hammer	marteau à soulèvement
tilt-hammer	marteau à bascule, à queue
the helve	le manche
the head	la tête
the pane	la panne
the cam-ring	la bague à cames
the cam-ring shaft	l'arbre des cames
the cam, tappet, catch	la came
the anvil	l'enclume
the anvil face	la table de l'enclume
the foundation	la fondation
the frame work	le bâti, l'ordon
the lift	la levée
the squeezer	le squeezer
rotary squeezer	squeezer rotatif
the shears	la cisaille
the rolling mill	le laminoir
rolling	le laminage
a rolling train	un train de laminoir
plate-rolling mill	train (ou laminoir) à tôle
preparatory rolls	cylindres préparateurs
puddling rolls, roughing rolls	cylindres dégrossisseurs
the finishing rolls, the rollers	les cylindres finisseurs
the housing frames	les cages
the standards	les fermes

the top roll	le cylindre supérieur
the bottom roll	le cylindre inférieur
the two rolls	la paire de cylindres, l'équipage
the gudgeon, trunnion (*No.* 47.)	le tourillon
the grooves	les cannelures
gothic (or oval) grooves	cannelures de profil ogival
flat iron	fer plat, fer méplat
round iron	fer rond
square iron	fer carré
hoops	le feuillard
the slitting-mill, the slitters	les cylindres fendeurs, la fenderie
the mill-bars	le fer ébauché, les barres plates
the (rail) pile	le paquet
piling	la mise en paquet
reheating	le corroyage
the reheating- (or balling, or mill-) furnace	le four à réchauffer
welding heat	la chaude suante.

6. *Steel*	6. *L'acier*
methods of producing steel	méthodes de la fabrication de l'acier
from the ore direct	directement des minerais
from pig-iron by decarburisation	par décarburation de la fonte
from wrought-iron by carburation	par carburation du fer ductile
to convert iron into steel	convertir le fer en acier

cementation	la cémentation
the converting furnace	le four à (ou de) cémentation
two chests, called pots	deux caisses
the flues	les conduits, canaux
the vault	la voûte
the cement	le cément
a layer of carbonaceous powder	une couche de poudre carbonifère
to draw the proof-bar	retirer la barre d'épreuve
a damper	un registre
cementation or cemented steel	acier de cémentation, acier cémenté
blister(ed) steel	acier poule
a blister	une ampoule
cast-steel	acier fondu
the crucible or pot	le creuset
refined steel, shear steel	acier corroyé
double shear steel	acier deux fois corroyé
puddled steel	acier puddlé
Krupp's steel	acier Krupp
natural steel	acier naturel
rough steel, German steel	acier d'affinage, acier de forge
Indian steel, or wootz	acier indien, ou wootz
Siemens-Martin process	procédé Siemens-Martin
Siemens' furnace	four Siemens
the gas furnace	le four à gaz
the gas producer, gas generator	le générateur ou gazogène
the regenerator	le régénérateur
the Bessemer process	*le procédé Bessemer*
Bessemer steel	l'acier Bessemer

a Bessemer plant	un atelier Bessemer
the converter, the converting vessel, the kettle	le convertisseur
made of iron-plates	en tôle
lined with fire-clay	revêtu intérieurement d'argile réfractaire
mounted on two trunnions	suspendu sur deux tourillons
the nose	le col
the tuyere-box	la boîte à air
the tuyere	la tuyère
to inject air	injecter de l'air
to introduce or enter the charge	introduire la charge
to turn the vessel up	redresser le convertisseur
to admit, to shut off the blast	faire arriver, arrêter le vent
spiegeleisen is run in	on y fait couler (on y introduit) de la fonte miroitante
the casting ladle	la poche
the ingot-mould	la lingotière
the hydraulic crane	la grue hydraulique
hardening	la trempe
to harden	tremper
to cool down rapidly	refroidir brusquement
case hardening	la trempe en paquet
tempering	le recuit
the tempering colour	la couleur de recuit
straw-yellow	jaune-paille
purple	rouge-pourpre

a film of oxide	une mince pellicule)
Damascus steel	acier damassé
a Damascus blade	une lame d lame de
weld–steel	acier soudu
ingot-steel	acier fondu.

MACHINERY. RAILWAYS. ARTS AND MANUFACTURES.

———

46.

Machines in General.

MACHINES EN GÉNÉRAL.

A force (*No.* 2.)	Une force
moving force	force motrice
resisting force	force résistante
the point of application	le point d'application
resistance	la résistance
useful resistance	résistance utile
the resistance overcome	la résistance vaincue
work	le travail mécanique
useful work	travail utile
lost work	travail perdu
total or gross work	la quantité totale de travail
the quantity of work	la quantité de travail
the unit of work	l'unité de travail
effect	l'effet
the kilogrammetre	le kilogrammètre

the work performed in lifting a weight of one kg. through a height of one metre

le travail consommé en élevant un poids de 1 kg. à 1 mètre de hauteur

a horse-power

un cheval(-vapeur)

a 20 horse-power engine

une machine de 20 chevaux

velocity (*No. 2.*)

la vitesse

angular velocity

la vitesse angulaire

inertia (*No. 1.*)

l'inertie

the moment of inertia

le moment d'inertie

the radius of gyration, or mean radius of a rotating body

le rayon de giration ou d'inertie

friction

le frottement

friction of rest

frottement au départ

friction of motion

frottement pendant le mouvement

sliding friction, friction of sliding

frottement de glissement

rolling friction, rolling resistance

frottement de roulement, résistance au roulement

the magnitude of the rubbing surfaces

l'étendue des surfaces frottantes

the surface of contact

la surface de contact

the coefficient of friction

le coefficient de frottement

expedients for diminishing friction

moyens de diminuer le frottement

to lubricate

lubrifier

an unguent, a lubricant

une matière lubrifiante

grease; to grease

la graisse; graisser

oil

l'huile

the friction roller

le galet

the strength of materials	*la résistance des matériaux*
load	la charge
stress	la tension
strain, alteration of figure	l'effort, la déformation
the set	la déformation permanente
breaking load	charge de rupture
working load	charge réelle
the factor of safety	le coefficient de sécurité
pull, or tension	la traction
thrust, or pressure	la compression
bending	la flexion
twisting, torsion	la torsion
tenacity	la ténacité
flexibility	la flexibilité
extension	l'extension, l'allongement
tearing	la rupture
crushing	l'écrasement
to crush	écraser
compressive strain	effort de compression
tensile strain	effort de traction
tensile strength	résistance à la traction
shearing strength	résistance au cisaillement
compressive strength	résistance à la compression
resistance to bending	résistance à la flexion
resistance to crushing	résistance à l'écrasement
the moment of flexure	le moment de flexion
wrenching moment	moment de torsion
the modulus of rupture	le module de rupture
modulus of elasticity	module d'élasticité
the elastic limit, the limit of elasticity	la limite d'élasticité
the prime mover	le moteur
the receiver	le récepteur

the communicator	le communicateur
the operator	l'opérateur
to erect, to fit up a machine	monter une machine
starting	la mise en train
to start	mettre en train, faire marcher
stopping	l'arrêt
to stop	arrêter, stopper
a machine works	une machine fonctionne, marche
a dynamometer	un dynamomètre
Prony's friction dynamo-meter	le frein dynamométrique de Prony
the brake (*No.* 55. 4.)	le frein
a brake-block	un sabot de frein
the brake-lever	le levier du frein
the skid, slipper drag, shoe	le sabot
the fly-wheel	le volant
a regulator	un régulateur
a valve (*No.* 12.)	une soupape
the governor, pendulum governor	le régulateur à force centrifuge, le pendule conique
the slide	la douille, le manchon
the balls diverge	les boules s'écartent.

47.

Elements of Machinery.

ÉLÉMENTS DE MACHINES.

Simple machines, mechanical powers	Machines simples
the lever (*No. 4.*)	le levier
the inclined plane	le plan incliné
the wedge	le coin
the screw	la vis
the male or external screw	la vis mâle
the nut, the female or internal screw	la vis femelle, l'écrou
a helix, screw line	une hélice
the thread	le pas
the pitch	la hauteur du pas
the thread	le filet de vis
left-hand(ed) screw	vis à filet renversé, **vis** filetée à gauche
right-hand(ed) screw	vis filetée à droite
square(-threaded) screw	vis à filet carré
sharp screw	vis à filet triangulaire
square, triangular, round thread	filet carré, triangulaire, arrondi
multiplex thread screw	vis à plusieurs filets
double-threaded screw	vis à double pas
differential screw	vis différentielle
endless screw, or worm	vis sans fin

the screw-head	la tête de vis
sunk screw	vis perdue
screw-key, screw-wrench	la clef à vis, clef à écrous
screw-driver, turn-screw	le tourne-vis
vice	l'étau
screw-press	la presse à vis
screw-bolt	le boulon à vis
to screw	visser, serrer la vis
to unscrew	dévisser, desserrer la vis
screw-cutting (*No.* 54.)	le taraudage
the pulley	*la poulie*
the sheave	le rouet
a circular disc	un disque circulaire
the groove	la gorge
a cord, rope	une corde
the block, stirrup, fork	la chape
fixed pulley	poulie fixe, poulie de renvoi
movable pulley	poulie mobile
the machine pulley	la poulie
fast pulley	poulie fixe
loose pulley	poulie folle
a shaft	un arbre
cone pulley, speed pulley	cône étagé
double, treble (-sheaved) block	poulie à deux, à trois rouets
shell, block	la chape, la caisse
block-maker	le poulieur
block and tackle, fall and tackle	la moufle
to lift (raise) great weights	élever de grands fardeaux

the wheel and axle, the axle in peritrochio	la roue sur l'arbre

the windlass	*le treuil, le tour*
the cylinder, roller, barrel	le cylindre
the journal	le tourillon
the pivot	le pivot
the pan	le collet
the step, step bearing	la crapaudine
the bearing, the plummer-block	le coussinet, le palier
the brass, bush	le coussinet
the cap or cover	le chapeau
the capstan	le cabestan
Chinese (differential) windlass	treuil différentiel
the tread-wheel, treadmill	le treuil à tambour
the ladder-wheel	la roue à chevilles
the crank	la manivelle
the arm	le bras
the crank-pin	le tourillon
a cranked axle	un axe (ou essieu) coudé
the connecting-rod	la bielle
to change reciprocating into circular motion	transformer le mouvement alternatif en mouvement circulaire

the belt	*la courroie*
endless belt, driving belt	courroie sans fin
to transmit rotary motion from one shaft to another	transmettre le mouvement de rotation d'un arbre à un autre

N

a drum	un tambour
driving, driven drum	tambour moteur, mené
crossed belt	courroie croisée
the leading side	le brin conducteur
the following side	le brin conduit
a guide pulley	une poulie-guide
tension	la tension
a tension-roller	un rouleau de tension
the joint	le joint
universal joint	joint universel
the hinge	la charnière
the spring	le ressort
the chain	la chaine
the link	la maille, le chainon
toothed wheels, etc. (*No.* 48, 52-54.)	roues dentées etc.

48.

Toothed Wheels.   Gin.   Crane.   Horology.

ROUES DENTÉES.   CHÈVRE.   GRUE.   HORLOGERIE.

The toothed wheel	La roue dentée
the curves used for the form of the teeth	les courbes employées pour le tracé des dents
the common cycloid	la cycloïde ordinaire
elongated (contracted) epicycloid	épicycloïde allongée (raccourcie)
the involute, evolvent	la développante
the primitive or pitch-circle	le cercle primitif ou de division

the pitch	le pas
machine for dividing circles	machine à diviser
the finishing-engine	machine à arrondir
the distance of the teeth	la distance des dents
the space, clearing	le creux
the shoulder of the tooth	le pied
the flank	le flanc
the face of the tooth	la tête de la dent
the crest	le sommet
the length of the tooth	la longueur de la dent
the thickness	l'épaisseur
the breadth	la largeur
the back-lash	le jeu
the rim	la jante
the pinion	le pignon
the tooth, leaf	l'aile
straight or spur-wheel	roue droite
cog-wheel	roue à dents de bois
a cog	un alluchon
conical or bevel-wheel	roue conique, roue d'angle
the lantern (-wheel), wallower	la lanterne
the spindle, trundle	le fuseau
the crown-wheel, contrate-wheel, face-wheel	roue à couronne, roue de champ
internally toothed wheel	roue intérieure
rack and pinion	engrenage à crémaillère
the rack	la crémaillère
endless screw (or worm) and pinion	roue et vis sans fin, engrenage à vis sans fin
worm-wheel	roue hélicoïdale

brush-wheel, friction-wheels	roue de friction
idle wheel	roue intermédiaire
to gear together, to work with	engrener
to throw out of gear	désengrener
ratchet-wheel	roue à rochet, à déclic
the click, paul, pawl	le cliquet, le déclic
the jack	le cric
screw-jack	cric à vis
the horse-gin	le manège
the drop	le drop
the self-acting inclined plane	le plan automateur
the gin	la chèvre
the pry-pole	le pied-de-chèvre
the cross-bar	l'entretoise
the windlass	le moulinet
the crane	la grue
the post	l'arbre, le fût
the jib	la volée
travelling crane	grue roulante
hydraulic crane	grue hydraulique
steam-crane	grue à vapeur
masting-sheers	machine à mâter
the lift, hoist, elevator	le monte-charge, l'éléva-teur
horology	*l'horlogerie*
clock	l'horloge
the regulator	le régulateur
chronometer	le chronomètre
astronomical clock	horloge astronomique

watch	la montre
repeater	la montre à répétition
cylinder-watch	montre à échappement à cylindre
the dial	le cadran
the hand	l'aiguille
the striking work	la sonnerie
a hammer	un marteau
the bell	le timbre
clock-maker, watch-maker	l'horloger
the watch-case	la boite
the spring, main-spring	le ressort
the barrel	le barillet
the fusee	la fusée
the wheel-work, works	le rouage
the balance	le balancier
the balance-wheel, escape-wheel	la roue de rencontre
the escapement	l'échappement
anchor-escapement	échappement à ancre
the anchor	l'ancre
the pallet	la palette, le bec
crown-, verge-escapement	échappement à verge
recoil escapement	échappement á recul
repose or dead-beat escapement	échappement à repos
free or chronometer-escapement	échappement libre
cylinder-escapement	échappement à cylindre.

49.

Engines for Raising Water. Dredgers. Water-supply.

MACHINES A ÉLEVER L'EAU. DRAGUES. DISTRIBUTION
DES EAUX.

Pumps (*No.* 12.)	Pompes
the chain pump	le chapelet
an endless chain	une chaine sans fin
equipped with discs or buckets	munie de disques ou de godets
the noria	le noria
the bucket	le godet
the Persian wheel	la roue persane
irrigation	l'irrigation
the tympanum	le tympan
a partition	une cloison
the Archimedean screw	la vis d'Archimède
the cylindrical case, or envelope	l'enveloppe, le canon
the newel, or core	le noyau
the hydraulic screw, water-screw, Dutch screw	la vis hollandaise, ou vis hydraulique
the whim	la machine à molettes
the mine-engine	la machine d'épuisement
the dredger, the dredging-machine	la machine à draguer, la drague, le cure-môle
the bucket	le godet, le louchet
the ladder	le plan incliné

the pitch-chain	la chaîne sans fin
the tumbler	le tambour
the dredging-boat	le bâteau dragueur
the hopper-barge	la marie-salope
dredging	le curage
to dredge a river	curer une rivière
the steam-dredger	le cure-môle à vapeur
dredgers with long shoots	dragues à longs couloirs
water-supply	la distribution d'eau (ou des eaux)
the supply of towns	l'approvisionnement ou alimentation des villes
the well	le puits
water (*No.* 36.	l'eau
water-works	la machine hydraulique (ou à eau)
a water-tower	une tour d'eau
conduit	la conduite
reservoir	le réservoir
distribution	la distribution
mains, main pipes	les tuyaux de conduite
service-pipe	le tuyau d'embranchement
a cock	un robinet
air-lock	la ventouse
an estimation; to estimate	une évaluation; estimer.

50.

Water as Motive Power. Lock. Pile-driver. Water-wheels.

L'EAU COMME MOTEUR.   ÉCLUSE.   SONNETTE.   ROUES
HYDRAULIQUES.

A fall of water	Une chute d'eau
the head	la hauteur de la chute, la chute
available head	chute disponible
a watercourse	un cours d'eau
a water-power engine	une machine hydraulique
the weir	le barrage, le déversoir
to throw a dam across a river	établir un barrage à travers une rivière
the over-fall-, or waste-weir	le barrage en déversoir
the crest	la crête
back-water	l'eau arrêtée, haussée, enflée
the upper (lower) trough or basin	le bief d'amont (d'aval)
the dike	la digue
a lock	*une écluse*
the lock-chamber	la chambre d'écluse, le sas
a lock-gate	une porte d'écluse
the head-gate, flood-gate	la porte d'amont, porte de tête
the tail-gate	la porte d'aval

the head-bay	la tète .d'amont
the tail-bay	la tète d'aval
the wing-wall	le musoir
the hollow quoin	l'enclave
the lift-wall	le mur de chute
the lift	la chute
the apron	l'arrière-radier
the gate-chambers	les chambres des portes
the side-walls	les bajoyers ou jouillères
the mitre-sill	le busc
the mitre	le heurtoir
the floor, the invert	le radier
the leaf	le vantail
the heel-post	le poteau tourillon
a collar	un collier
the mitre-post	le poteau busqué
the cross-bars	les entretoises
the balance-bar	le balancier
the lock-keeper	l'éclusier.

The pile-driver, or pile-engine	*La sonnette*
the hand pile-driver	le mouton à bras
the steam pile-driving machine	la sonnette à vapeur
the (paving-) beetle	la batte, hie, demoiselle
the common pile-engine, or ringing engine	la sonnette à tiraude
the monkey pile-engine	la sonnette à déclic
the frame	le bâti
the monkey, the ram	le mouton
the guides, guide-poles, leaders	les jumelles

the hook, grapnel	le crochet
the pile-block	le faux-pieu
the pile	le pieu, le pilot, le pilotis
to drive, to ram	enfoncer
pile-driving	battage de pieux
to pitch	mettre en fiche
to draw piles	arracher des pilotis
the head	la tète
the shoe	le sabot
the hoop	la frette
the screw pile	le pieu à vis
bearing pile	pilotis de grillage, de support
the sheet pile	la palplanche
foundation	la fondation
the coffer dam	le bâtardeau
the caisson	le caisson.
The water-wheel	*La roue hydraulique*
the shaft, or axis	l'arbre tournant
the arms, or spokes	les bras
the shrouding	la couronne
the race, mill-race	le coursier, le bief
the head-race	le bief d'amont
the tail-race	le bief d'aval
the motive water	l'eau motrice
the water acts by impulse, by impact	l'eau agit par son choc
by pressure	par son poids
the regulating sluice	la vanne régulatrice
vertical water-wheel	roue verticale
overshot wheel	roue en dessus
undershot wheel	roue en dessous

breast-wheel	roue de côté
a circular (straight) apron	un coursier circulaire (rectiligne)
high-breast wheel	roue par derrière
bucket-wheel	roue à augets
the bucket	l'auget
float-wheel	roue à aubes
flat (curved) float	aube plane (courbe)
flat-floated undershot wheel	roue en dessous à aubes planes
wheel in an open (indefinite) current	roue pendante (se mouvant dans un fluide indéfini)
horizontal wheel	roue horizontale
the danaïde	la danaïde
the turbine	la turbine
Fourneyron's turbine	turbine Fourneyron
the vane	l'aube
the guide-blades	les cloisons directrices
the working wheel	la roue mobile
the water pressure engine	la machine à colonne d'eau
single acting	à simple effet
double acting	à double effet
the main piston	le grand piston
the main piston valve	le piston régulateur
the supply pipe	le tuyau d'admission
the discharge pipe	le tuyau de décharge
the tappet	la came
the Hungarian machine	la machine de Schemnitz
the hydraulic ram	le bélier hydraulique
the waste clack or valve	la soupape d'arrêt
the air-vessel	le réservoir d'air.

51.

Mills.

MOULINS.

Water-mill	*Moulin à eau*
steam-mill	moulin à vapeur
wind-mill	moulin à vent
horse-mill	moulin à manège
hand-mill	moulin à bras
ship-mill	moulin à nef, sur bâteau
paper-mill	moulin à papier
tan-mill, bark-mill	moulin à tan
saw-mill	scierie mécanique
fulling-mill	moulin à foulon.
Corn-mill	*Moulin à blé*
to grind	moudre
grinding	la mouture
water-wheel (*No.* 50.)	roue hydraulique
the framing	le beffroi
the driving shaft	l'arbre moteur
toothed wheels (*No.* 48.)	roues dentées
the mill-spindle	le gros fer, le fer de meule
the footstep	la crapaudine
the rhind, rynd	la nille
balance rhind	nille à balance
the eye	l'œillard
the mill-stone	la meule
the upper or running mill-stone, the runner	la meule d'en haut ou de dessus, la meule courante ou tournante

the lower or fixed 'mill-stone, the bed-stone	la meule d'en bas, la meule gisante ou dormante
French burr, buhr-stone	meule de la Ferté-sous-Jouarre
an iron hoop	un cercle en fer
the rubbing or grinding surface	la face travaillante
edging, redressing	le repiquage, le rhabillage
to dress, cut, edge	repiquer, rhabiller
the grooves, furrows, channels	les rayons, sillons, rainures
the hopper	la trémie
the shoe	l'anget
the stone-case	l'enveloppe, l'archure
the shaking-apparatus	le babillard
the bolter	le blutoir, le bluteau
to bolt	bluter
bolting cloth	la toile à bluteau, l'étamine
silk gauze	la gaze de soie
the hopperboy	le râteau refroidisseur
the elevator	le noria, la chaine à godets
the dressing machine	la bluterie anglaise
the creeper, conveyor	le vis sans fin
flour, meal	la farine
bran	le son
to cleanse the grain	nettoyer le blé
the smut machine	l'émotteur
the fan, or blower	le van, le tarare
shelling machine; hulling-machine	machine à peler.

Wind-mill	*Moulin à vent*
post mill	moulin à vent ordinaire
tower mill, or smock mill	moulin hollandais
the main-shaft	le poteau
the wind-shaft	l'arbre tournant
the (wind-mill) sail	l'aile
the whip or arm	le bras, l'ante
the bar	la latte
the canvas	la voile
to spread	étendre.
Oil–mill	*Huilerie*
the roller-mill for bruising	la machine à concasser les
linseed	graines de lin
bruising	le concassage, l'écrasage
a hopper	une trémie
a fluted roller	un rouleau cannelé
the crushing-rollers	les cylindres
the edge-mill, edge-stones	les meules verticales
the bed, bed-stone	la meule dormante
the curb, or rim	le rebord
to close with a slide-plate	fermer au moyen d'une vanne
the scraper, sweeper	le râcloir
attrition	le froissage
to attrite	froisser
grinding	le broyage
to grind	broyer
a paste	une pâte
the heating-kettle, steam-kettle	le chauffoir
heating	le chauffage
a pan	une bassine

the jacket	l'enveloppe
to heat by steam	chauffer à la vapeur
a pipe	un tuyau
the stirrer	l'agitateur
the wedge-press	la presse à coins
stamper (*No.* 41.)	pilon
the hairs (horse-hair bags)	les l'étreindelles
purification of oil	l'épuration des huiles
the oil-cake	le tourteau
the oil-cake crusher or breaker	le concasseur de tourteaux
hydraulic press (*No.* 7.)	presse hydraulique.

52.

Steam-Engine.

MACHINE A VAPEUR.

1. *The steam-engine.*	1. *La machine à vapeur.*
Single-acting engine	Machine à simple effet
double acting	à double effet
condensing steam-engine	machine à condensation
non-condensing engine	machine sans condensation
expansive engine	machine à détente
non-expansive	sans détente
expansive non-condensing engine	machine à détente sans condensation
atmospheric steam-engine	machine à vapeur atmos-phérique
high-pressure engine	machine à haute pression
low (mean) pressure	à basse (moyenne) pression
horizontal engine	machine horizontale
vertical engine	machine verticale

stationary engine	machine fixe ou stationnaire
portable engine	machine portative
marine engine	machine marine
Watt's engine	machine de Watt
beam engine	machine à balancier
direct-acting engine	machine à mouvement (ou à connexion) direct(e)
oscillating (oscillatory) engine	machine oscillante
the cylinder oscillates on trunnions	le cylindre oscille sur ses tourillons
rotatory (rotary) engine	machine rotative
double-cylinder engine	machine à deux cylindres
Woolf's engine	machine de Woolf
twin engine	machine jumelle
trunk engine	machine à fourreau
disc engine	disc-engine
Corliss engine	machine Corliss
ether-engine	machine à vapeur d'éther
binary (or combined) vapour-engine	machine binaire, machine à vapeurs combinées
gas-engine	machine à gaz
Ericsson's (hot-)air-engine	machine à air chaud, machine d'Ericsson
a twenty horse-power engine	une machine de vingt chevaux.

2. *The furnace.*

2. *Le fourneau.*

The fire-place	Le foyer
the fire-door	la porte du foyer
the dead plate; dumb plate	la sole, la table du foyer
the grate	la grille

the grate-bar, fire-bar	le barreau
a fire-bar bearer	un support de grille
the space	l'espace
the area of grate, grate-area	la surface de (la) grille
moving grate	grille mobile
revolving grate	grille tournante
grate with steps	grille à gradins
smoke-consuming grate	grille fumivore
the ash-pit	le cendrier
the fire-bridge	l'autel, ou pont
the fire-box	la boite à feu
the crown, or roof	le ciel
the combustion chamber	la chambre à feu
the products of combustion	les produits de la combustion
the flue	le carneau
a brick conduit	un conduit de briques
a division	une cloison
the products of combustion sweep below the heaters from front to back	les produits de la combustion rasent le dessous des bouilleurs d'avant en arrière
they return in the opposite direction	ils reviennent en sens contraire
two currents	deux courants
they pass by the lateral flues	ils passent par les carneaux latéraux
they yield their heat to the boiler	ils abandonnent leur chaleur à la chaudière
side flue, lateral flue	carneau latéral
the smoke-box, or up-take	la boite à fumée
the damper	le registre
the draught	le tirage

the blast pipe	le tuyau soufflant
the blowing machine, the fan	la machine soufflante, le ventilateur
the chimney	la cheminée
the internal (external) diameter	le diamètre intérieur (extérieur)
firing	le chauffage
to spread evenly	répartir également
the shovel	la pelle
the fire-hook, poker	le ringard
the hopper	la trémie
the fire-man	le chauffeur
the engine-man	le mécanicien
smoke-burning, consumption of smoke	la fumivorité
smoke	la fumée
smoke-consuming	fumivore
smoke consumer	appareil fumivore
fuel, combustible (*No.* 38.)	le combustible
combustibility	la combustibilité
to kindle	allumer
inflammable	inflammable
the consumption of fuel	la consommation de combustible
the calorific power	la puissance calorifique
the duty, the calorific effect	l'effet calorifique
the loss or waste of heat by radiation (*No.* 15.)	la perte de chaleur par rayonnement.

3. *The boiler.*

3. *La chaudière.*

The steam boiler	La chaudière à vapeur, le générateur

the waggon-boiler	la chaudière à tombeau
cylindrical boiler, cylinder boiler	chaudière cylindrique
the hemispherical ends	les calottes hémisphériques
Cornish boiler	chaudière de Cornouailles
internal furnace boiler	chaudière à foyer intérieur
French boiler	chaudière à bouilleurs
the heater	le bouilleur
the (vertical) connecting tube	le cuissard
the flange	le bourrelet
double-story boiler	chaudière à carneaux superposès
marine boiler	chaudière marine
boiler with feed-water heater	chaudière à réchauffeur
a fire-tube	un tube de fumée
the boiler-plate	la tôle
riveted boiler-plates	des plaques de tôle rivées
to rivet	river
the bending machine	la machine à cintrer
riveting machine	machine à river
riveting	la rivure
rivet	le rivet
to strengthen the boiler	consolider la chaudière
a stay	une entretoise
a tie-rod	un tirant
the water-room	la chambre ou réservoir d'eau
the water-line	le niveau d'eau
the steam-room	la chambre à vapeur, le réservoir de vapeur

the heating surface	la surface de chauffe
superheated steam	vapeur surchauffée
combined steam	vapeurs combinées
the clothing, cleading	l'enveloppe
the appendages of the boiler	les accessoires de la chaudière
the garniture, fittings, mountings	la garniture
feeding apparatus	appareil d'alimentation
self-acting	automatique
to feed the engine	alimenter
the feed-pump (*No.* 12.)	la pompe alimentaire
feed-water	l'eau d'alimentation
the feed-pipe	le tuyau d'alimentation
the feed-heater	le réchauffeur
Giffard's injector	l'injecteur Giffard
the steam jet	le jet de vapeur
the donkey-engine	le petit-cheval
the float	le flotteur
a stone	une pierre
a stuffing-box	une boite à étoupes
a lever	un levier
the lever raises the valve	le levier soulève la soupape
the counterpoise	le contre-poids
the water-level	le niveau d'eau
the water-gauge	l'indicateur de niveau d'eau
the glass gauge	le tube indicateur, tube niveleur
the gauge-cock	le robinet indicateur, robinet d'épreuve, robinet de jauge

the safety-valve	la soupape de sûreté
lever safety valve	soupape de sûreté à levier
to load	charger
through the medium of a lever	au moyen d'un levier
the weight	la charge, le poids
the spring balance	la balance à ressort
the tension of steam	la tension ou force élastique de la vapeur
the seat	le siège
to overweigh	surcharger
a fusible plug	un bouchon fusible
the steam-whistle, safety-whistle	le sifflet d'alarme
the steam escapes	la vapeur s'échappe
it strikes the edge of a bell, which it sets in vibration	elle rase le bord d'un timbre, qu'il fait vibrer
the blow-off cock	le robinet de vidange
the mud-hole	l'orifice de nettoyage
the man-hole	le trou d'homme
self-closing	à fermeture autoclave
the cover	le couvercle
the repair	la réparation
to cleanse	nettoyer
to repair	réparer
the steam-gauge, manometer (*No.* 9.)	le manomètre
incrustation, sediment, deposits	les incrustations, les dépôts
testing of boilers	essai de chaudières
a test	une épreuve
explosion	l'explosion

to burst, to explode

éclater, sauter, faire explosion.

4. *The distribution of steam.*

4. *La distribution de la vapeur.*

The slide-valve	Le tiroir
the valve-rod	la tige du tiroir
the valve-chest	la boite à vapeur, boite à tiroir
the valve-face	la plaque de friction
the D-slide, D-valve	le tiroir en D
D-slide, long slide-valve	tiroir en D long
equilibrium valve	tiroir équilibré
the valve	la soupape
double-seat valve (*No.* 12.)	soupape à double siège
cup-valve	soupape en chapeau, clapet à couronne
the hand starting-lever, hand distributing-lever	le levier de distribution à main
the four-way cock	le robinet à quatre voies (ouvertures)
the cataract	la cataracte
the cylinder	*le cylindre*
bored	alésé
steam-cylinder	cylindre à vapeur
the sides	les parois (intérieures)
the steam passage **or port**	le conduit, le passage, la lumière
the exhaust-port	la lumière d'échappement
the exhaust-pipe	le tuyau d'échappement
the inlet	l'introduction
the outlet	l'évacuation
the cover	le couvercle
the bottom	le fond

the stuffing-box	la boite à étoupes
the grease-cock	le robinet graisseur
the steam-jacket	la chemise, l'enveloppe du cylindre
annular	annulaire
the piston (*No.* 12.)	*le piston*
steam-piston	piston à vapeur, grand piston
a metallic packing	une garniture métallique
the body	le corps, le carcasse
a ring	un cercle
a wedge	un coin
a spring	un ressort
the steam enters (rushes into) the cylinder	la vapeur entre dans le cylindre
it escapes	elle s'échappe
the stroke	la course
the length of the stroke	la longueur de course
a half-stroke	une demi-course
backward stroke	course rétrograde
complete stroke, or revolution	le coup, le double coup
the up-stroke, ascent	la course ascendante
the down-stroke, descent	la course descendante
at the top (bottom) of its course	en haut (en bas) de sa course
the speed of piston, piston speed	la vitesse du piston
to make 20 strokes per minute	battre 20 coups simples par minute
the counter	le compteur
the area of the piston	la surface du piston
the clearance	l'espace mort

back pressure	la contre-pression
expansion	*la détente*
the steam expands	la vapeur se détend
an expansion gear, or cut-off	un appareil de détente
the expansion slide-valve	le tiroir de détente
the expansion valve	la soupape de détente
to act expansively, by expansion	agir par détente
at full pressure	à pleine pression
initial pressure	la pression au départ
final pressure	la pression finale
mean pressure	la pression moyenne
the steam is cut off	on coupe la vapeur
the slide-valve advances	il y a avance du tiroir
the angle of advance	l'angle d'avance
the lap, or cover	le recouvrement
the lap on the induction side	le recouvrement extérieur
the tappet	la came, le taquet
variable expansion	détente variable
fixed expansion	détente fixe
the eccentric	*l'excentrique*
a circular disc	un disque circulaire
fixed to a revolving shaft	fixé sur un arbre tournant
the centres do not coincide	les centres ne coïncident pas
eccentricity	l'excentricité
the eccentric radius	le rayon d'excentricité, d'excentrique
the eccentric strap	le collier

the eccentric rod | la bielle d'excentrique
to joint to the slide-valve | articuler au tiroir
the balance-weight | le contre-poids.

5. *Transmission of motion.*

5. *Transmission du mouve ment.*

The piston-rod | La tige du piston
the cross-head | la tête, la traverse (du piston)
the guide-block | le coulisseau
the guides | les guides, les glissières
the connecting-rod | la bielle
an alternating (reciprocating) motion | un mouvement de va-et-vient
it is converted into a continuous rotatory motion | il est transformè en mouvement circulaire con tinu
the driving shaft | l'arbre moteur
crank, belt, pulley, etc. (*No.* 47.) | manivelle, courroie, pou lie, etc.
the dead-point, dead-centre | te point mort
the fly-wheel (*No.* 46.) | le volant
the beam | le balancier
Watt's parallel motion or jointed parallelogram | le parallélogramme de Watt, le par. articulé
to convert circular motion into rectilinear motion | transformer le mouve ment circulaire en mouvement rectiligne
the link | la tringle
the radius bar, or bridle rod | le bras de rappel, ou rayon régulateur
the parallel bars | les verges, les tiges du parallélogramme

the base-plate, bed-plate	la plaque de fondation
power, horse-power, governor (No. 46.)	puissance, cheval-vapeur, régulateur
the steam-pipe	le tuyau à vapeur
the throttle-valve	la soupape à gorge
the stop-valve	la soupape d'arrêt
the condenser	le condenseur
to inject water	injecter de l'eau
the injection water	l'eau d'injection
the injection-cock	le robinet d'injection
the snifting valve	le reniflard, la soupape reniflante
the foot-valve	le clapet de pied (ou clapet de condenseur)
the delivery-valve	le clapet de tète (ou clapet de bâche)
the air-pump	la pompe à air
the hot-well	la cuvette, la citerne
the cistern of cold water	la bâche
the cold-water pump	la pompe à eau froide
the pump-rod	la tige de la pompe
the indicator	l'indicateur
it records the steam pressure	il enregistre la pression de la vapeur
the spiral spring	le ressort à boudin
the pencil	le traceur, le crayon traceur
it traces a curve	il trace une courbe
the ordinates	les ordonnées
the atmospheric line	la ligne atmosphérique.

53.

Locomotive.—(*See No.* 52, 55.)

LOCOMOTIVE.

The fire-box	La boîte à feu
to increase the heating surface	augmenter la surface de chauffe
outside fire-box	boite à feu extérieure
the shell	l'enveloppe
the stay-rod, tie-rod	le tirant
the stay-bolt	l'entretoise
the roof stays	l'armature du plafond
the flat sides of the fire-box	les parois planes
an angle-iron	un fer d'angle
the crown, roof	le ciel du foyer
the ash-pan	le cendrier
the barrel of the boiler	le corps cylindrique
the multitubular boiler, locomotive boiler	la chaudière tubulaire
the tubes, fire tubes	les tubes
the tube-plate	la plaque tubulaire
perforated with holes, into which the ends of the tubes are fixed	percée de trous, dans lesquels s'engagent les extrémités des tubes
the ferrules	les viroles
to draw tubes	tirer (ou sortir) des tubes
the steam-space	la chambre (ou le coffre) à vapeur
the steam-dome	le dôme de prise de vapeur
the steam-pipe	le tuyau de prise de vapeur, le tube éducteur

the regulator, regulator valve	le régulateur
cylinder, etc. (*No.* 52.)	cylindre, etc.
the mud-hole	l'orifice de nettoyage
the blow-off cock	le robinet de vidange
the supply-pipe, feed-pipe	le tuyau alimentaire
the whistle	le sifflet
the counter-steam	la contre-vapeur
the smoke-box	la boite à fumée
the blast pipe	le tuyau soufflant
the exhaust pipes unite below the chimney	les tuyaux d'échappement s'unissent au bas de la cheminée
the injector, Giffard injector	l'injecteur, l'injecteur Giffard
Stephenson's link motion	la coulisse de Stephenson
the forward (or fore-) eccentric	l'excentrique en avant
backward (back-) eccentric	excentrique en arrière
the link	la coulisse
the slider	le coulisseau
the toothed segment	le secteur-guide
the reversing lever	le levier de changement de marche
the reversing gear	l'appareil de changement de marche
the starting-lever	le levier de mise en train
the hand-rail	la main-courante
the guard-rails, rail-guard	le chasse-pierres
the cow-catcher	le chasse-bœufs
the snow-plough	le chasse-neige, la charrue à neige.

The train	*Le train*
the framework	le châssis, le cadre
the outside- (inside-) frame	le cadre extérieur (intérieur)
the cross-beam	la traverse
the longitudinal (frame-plate)	le longeron, le brancard
the buffer-beam	la traverse d'avant
the foot-plate	la plate-forme
the engine-driver, engine-man	le mécanicien
the buffer	le tampon
the buffing-apparatus	l'appareil de choc
the buffer-rod	la tige du tampon
the buffer-spring	le ressort de choc
the india-rubber ring	la rondelle de caoutchouc
coupling	l'attelage
the safety-chain, side-chain	la chaine de sûreté
the coupling-chain	la chaine d'attelage
the draw-spring	le ressort de traction
the draw-rod	la tige de traction
the draw-hook	le crochet d'attelage
the draw-bar	la barre d'attelage
the two links	les deux étriers ou lanternes
screw coupling	attelage à vis
the wheel	la roue
the driving-wheel	la roue motrice
front (hind) wheel	roue d'avant (d'arrière)
the trailing wheel	la roue de support
the tyre (or tire)	le bandage
the flange	le boudin

the tread	la surface de rouleι.ient
the boss	le moyeu
coupled wheels	roues (ac)couplées
the coupling rod	la bielle d'accouplement
the adhesion of the wheels	l'adhérence des roues
the axle	l'essien
the driving axle	l'essieu moteur
the bearing	le coussinet
the axle-journal	la fusèe
the axle-box	la boite à graisse
guides for axle-boxes	les guides des boites à graisse
the axle-guard, the horn-plates	les plaques de guarde
the stay	la tringle d'écartement, l'entretoise
the bearing-spring	le ressort de suspension
the plate	la lame
the shackle, hoop	la bride
the crank-pin	le bouton de manivelle
the grease-box	la boite à graisse
the grease-cock	le robinet graisseur
to lubricate (*No.* 46.)	lubrifier.

54.

Workshop.   Tools.   Machine Tools.

ATELIER.   OUTILS.   MACHINE-OUTILS.

A workshop	Un atelier
the grindstone	la meule
glass–paper	papier verrè
glass–cloth	toile verrée
emery paper	papier à l'émeri
a tool	un outil
the machine-tool	la machine-outil
edge-tools	outils tranchants
the axe	la cognée
the handle	le manche
the head	la tète
the eye	l'œil
the edge	le tranchant
the hatchet	la hache
an adze	une herminette
the broad axe or cooper's adze	la doloire
the hammer (No. 45.)	le marteau
the beak-iron	la bigorne
the mallet	le maillet
the saw	la scie
the saw–blade, web	la lame
the frame	le châssis
gullet-teeth	dents de loup
the saw–file	la lime pour scies
to set	donner de la voie

the saw-set	le fer à contourner
the kerf	le chemin, la voie
saw-dust	la sciure
hand-saw	scie à main
back-saw	scie à dos
keyhole-saw, compass-saw	scie à couteau
turning or sweep-saw	scie à tourner, à échancrer
veneer-saw	scie à placage
frame-saw	scie montée, scie à débiter
bow-saw	scie à arc, en archet
pit-saw	scie (du scieur) de long
cross-cut(ting) saw	scie de travers
ribbon-saw, band-saw	scie sans fin, scie à ruban
circular saw	scie circulaire
a saw-mill	une scierie
the carriage, drag	le chariot
the plane	*le rabot*
the stock	le fût
the mouth	la lumière
the wedge	le coin
the sole	la semelle
the plane-iron	le fer
the double-iron	le double fer
the top-iron	le fer de dessus
a horn	une poignée
shavings	les copeaux
the jack-plane	le riflard
the trying plane, the jointer	la varlope
the rebate-plane	le guillaume
the plough	le bouvet à écartement
the moulding plane	le rabot à moulures
the fillister	le feuilleret
the cooper's jointer	la colombe

the file	*la lime*
filings	la limaille
the file-cutter	le tailleur de limes
first course	première taille
taper (or pointed) file	lime pointue
square file	lime carrée
flat file	lime plate
half-round file	lime demi-ronde
double half-round or cross file	feuille de sauge
the rat-tail	la queue de rat
the three-square file	le tiers-point ou trois quarts
triangular	triangulaire
knife-file	lime en couteau
feather-edge file	le losange
rubber	lime à bras, carreau
riffler	rifloir
single-cut file, or float	lime à taille simple
double-cut	à double taille
rough cut	grosse taille
middle cut	moyenne taille
smooth cut	douce taille
second cut	demi-douce
bastard file	lime bâtarde
superfine or dead-smooth file	lime superfine, très douce
the rasp	la râpe
the chisel	*le ciseau*
the two-bevelled chisel	le fermoir
socket chisel	ciseau à douille

P

the mortise-chisel, cross-cut chisel	le bec d'âne
the chipping chisel	le burin
turning chisel	ciseau à planer
the gouge	la gouge
the cutting chisel	la langue de carpe
the graver	le burin
borers	*forets*
the gimlet	le foret à bois
the auger	la tarière
shell-auger	tarière en cuiller
taper auger	tarière à vis conique
screw-auger	tarière en hélice, tarière à filet
the bitt	la mèche
nose-bitt	mèche-cuiller
centre-bitt	mèche à mouche, à trois pointes
the centre, the plug	la mouche
the nicker	la pointe tranchante
the cutter	la cuiller
the drill	le drille
the drill-bow	l'archet
the ratchet-brace	le perçoir à rochet
the brace	le vilebrequin, le drille à arçon
the breast-plate	la palette, la conscience
Archimedean drill	foret à vis d'Archimède
the countersink	la fraise
the rimer, broach	la broche, l'alésoir, l'équarrissoir

the punch	le poinçon, le découpoir
the bolster	le perçoir
the swage	l'étampe
the die	le dessous, la matrice
the burr	la découpure
the punching machine	le découpoir, la machine à découper
the cutting nippers	la pince à couper
the shears	la cisaille
the shear-blade	la lame
hand-shears, snips	cisailles à main
circular shears	cisaille circulaire
shearing machine	machine à cisailler
screw-cutting	le filetage
screw-tapping	le taraudage
screws (*No.* **47.**)	vis
the screw-tap	le taraud
the tap-wrench	le tourne-à-gauche
the screw-plate	la filière
the stock and die	la filière double
the pads or cushions	les coussinets.

The lathe	*Le tour*
pole-lathe	tour à perche
the spring lathe, the pole	la perche
the dead centre	la pointe fixe
foot-lathe	tour au pied
the frame, framing	le bâti, l'établi
the pulley, etc. (*No.* **47.**)	la poulie, etc.
the treadle	la pédale
the bed, the cheeks	les jumelles

the triangular bar	la barre, la verge
the headstock, poppet	la poupée
the fast headstock, man-drilstock	la poupée fixe
the mandril	l'arbre
the poppet, the loose head-stock	la poupée mobile
the back-centre	la contre-pointe
the centres	les pointes
the rest	le support
the slide-rest	le support à chariot
the slide	le chariot
change wheels	roues de rechange
the chuck	le mandrin
universal chuck	mandrin universel
the work	la pièce à travailler
to mount	monter
to centre	centrer
centreing punch	centreur
the turning-tool	l'outil à tourner
the turning-chisel	le ciseau
the turning-gouge	la gouge
the side-tool	le ciseau de côté
round-tool	ciseau rond
the outside screw-tool	le peigne mâle
inside screw-tool	peigne femelle
the hook-tool	la mouchette
the heel-tool	le crochet
the graver	le burin
the milling tool	la molette
power-lathe	tour à la mécanique
bar-lathe	tour à barre
center-lathe	tour à pointes

slide-lathe	tour parallèle, tour cylindrique
duplex lathe	tour à double outil
screw-cutting lathe	tour à fileter
surfacing lathe, face lathe	tour à plateau
the face-plate	le plateau
rose engine	tour à rosettes, tour à guillocher
the rosette	la rosette
a rose engine pattern	un guillochis
the turn-bench	le banc d'horloger.

Drilling machine	*Machine à percer*
the frame	le bâti
the hand-wheel	le volant à main
the drill-spindle	le porte-outil
bevel-wheel (*No.* 48.	roue d'angle
speed-pulley	poulie étagée
the pillar	la colonne
the table	le plateau, le tablier
a groove	une rainure
vertical drilling machine	machine à percer verticale
radial drilling machine	machine à percer radiale
the slide, carriage	le chariot
boring machine	alésoir, machine à aléser
the boring bar	l'arbre
the cutter-block, cutter-head	le manchon, le porte-outils
the cutter	la lame, le burin, l'outil
planing machine	machine à raboter
the table	le chariot
the tool-holder	le porte-outil
the quick return	le retour rapide

slotting machine	machine à mortaiser
wheel–cutting machine	machine à tailler les roues
fluting machine	machine à canneler
bending machine	machine à cintrer
riveting machine	machine à river
mortising machine	machine à mortaiser
tenoning machine	machine à tenons
shaping machine	machine à fraiser
wood-working machine	machine à travailler le bois.

55.

Railway.

CHEMIN DE FER.

1. *Laying out.*	1. *Le tracé.*
Surveying	L'arpentage
the surveyor	l'arpenteur
to survey	arpenter
the surveyor's chain	la chaine d'arpenteur
a link	un chainon
to chain	chainer
the arrow	la fiche
the tape	le ruban
the perch, rod, pole	la perche, la règle
the stake	le jalon
the sight-vane	la pinnule
a slit	une fente
the alhidade	l'alidade
the compass (*No.* 22.)	la boussole
the sextant	le sextant
the repeating circle	le cercle répétiteur

the theodolite

  the limb

  the telescope (*No.* 21.)

an angle

  right; acute; obtuse

a triangle

  right-angled

the triangulation

the line of sight

levelling

  to level

  to take levels

a level

the water-level (*No.* **7.**)

the spirit-level

  the air-bubble

the levelling-staff

  the sliding-vane

the longitudinal section

the transverse or cross section

the scale

the hachures, hatchings

the contour-lines

the plane-table

the protractor

the pantograph

the planimeter

  the tracer

the curve

the radius of curvature

a curve of 500 m. radius

le théodolite

  le limbe

  la lunette

un angle

  droit; aigu; obtus

un triangle

  rectangle

la triangulation

la ligne de visée

le nivellement

  niveler

  prendre des nivellements

un niveau

le niveau d'eau

le niveau à bulle d'air

  la bulle d'air

la mire

  le voyant

le profil en long

le profil en travers

l'échelle

les hachures

les courbes de niveau

la planchette

le rapporteur

le pantographe

le planimètre

  le traçoir

la courbe

le rayon de courbure

une courbe de 500 m. de rayon

the curve table	le tableau des courbes
the gradient, grade, ascent	la rampe, la pente
steep gradient	pente forte, prononcée
1 in 100	10 millièmes
low, easy grade	pente faible
the inclination	l'inclinaison
the gradient-posts	les poteaux indicateurs des rampes et des pentes
the self-acting inclined plane	le plan automoteur
the fencing, fence	la clôture.

2. *Earthwork.*

2. *Terrassements.*

Equalizing earthwork distribution	La compensation la répartition
to calculate	calculer
the cubic contents	le cube, le cubage
borrowing	l'emprunt
to waste, to lay to spoil	opérer par voie de dépôt
the spoil-bank	les terres déposées
getting, or excavating	le piochage, la fouille, le travail de fouille
the navvy, excavator	le terrassier
the excavated earth	les déblais
the shovel	la pelle
the shoveller	le pelleteur
the pick	la pioche
the pickman	le piocheur
the crowbar	la pince
blasting (*No.* 41.)	le tirage
the gullet	la cunette
falling	l'abattage

filling into barrows or wagons	le chargement
the leading or conveyance of the earth	le transport des terres
to wheel in barrows	transporter à la brouette
upon planks	sur des planches
the wheel-barrow	la brouette
the wheeler	le rouleur
the cart	le camion, le tombereau
leading in wagons	le transport en wagons
upon temporary rails	sur une voie provisoire
the earth-wagon	le wagon de terrassement
teeming, tipping	le déchargement, la décharge
the bench	la banquette
the cutting	la tranchée
the side, slope	le talus (de déblai)
the lifts	les étages
the embankment	le remblai
the successive layers	les couches successives
the settlement	le tassement
to settle	se tasser
the slope	le talus (de remblai)
to dress the slope	dresser le talus
sodding	le gazonnement
pitching (with dry stone)	le perré, le revêtement en pierres sèches
the angle of slope	l'angle d'inclinaison
the slip	l'éboulement, le glissement
to slip	s'ébouler, glisser
retaining works	travaux de consolidation

the revetment	le revètement
the retaining wall	le mur de soutènement
the counterfort	le contrefort
the formation, formation level	la plate-forme
the dressing of the formation, or grading	le régalage, le dressement de la plateforme
a slope towards the sides	une inclinaison de chaque côté
drainage	l'assainissement, le drainage
the ditch, trench	le fossé
the side drain	le fossé (ou canal) latéral
the culvert	le ponceau.

3. *Superstructure.*

The superstructure, the permanent way	La superstructure, la voie permanente
ballasting	le ballastage
an elastic medium	un milieu élastique
to distribute the load	répartir les pressions
ballast	le ballast
gravel	le gravier
broken stone	la pierre (con)cassée
slag	les scories
ashes	la cendre
coarse sand	le gros sable
the upper ballast, or boxing	la couche supérieure
the boxer	le bourreur
the sleeper	la traverse
cross- (or transverse) sleeper (in America also—,the tie, cross tie)	traverse

the longitudinal sleeper	la long(ue)rine
a tie-rod	une tringle, une entre-toise
timber sleeper	traverse en bois
seasoned timber	bois desséché
semicircular; triangular	demi-rond ; triangulaire
square(d)	équarri
the life	la durée
impregnation, impregnating	l'imprégnation, la prèparation
preservation	la conservation
to preserve	conserver
creosoting	le créosotage, la préparation à la crèosote
creosote	la créosote
kyanising	préparation au sublimé corrosif, procédé de Kyan
corrosive sublimate	sublimé corrosif
blue vitriol (No. 43.)	vitriol bleu
Burnett's process, burnettising	procédé de Burnett
Boucherie's process	méthode de Boucherie
chloride of zinc	chlorure de zinc
the stone-block	le dé
the stone support	le support en pierre
joint-sleeper	traverse de joint
intermediate sleeper	traverse intermédiaire
the chair	le coussinet (ou chair)
joint-chair	coussinet de joint
intermediate chair	coussinet intermédiaire
the jaw, or cheek	la joue, ou saillie
the foot, base	la semelle
the rib	la nervure
the wedge, key	le coin

a notch	une entaille
to plane, to groove, to notch	entailler
an adze	une (h)erminette
the gauge	la jauge
the rail	*le rail*
manufacture (*No.* 45.)	la fabrication
the head	la partie supérieure, le champignon
the stem, web	la tige
the foot	la semelle
the section	le profil
single-headed rail	rail à un champignon
double-headed rail	rail symmétrique
to turn upside down, to reverse	retourner, renverser
single (double) T-rail	rail à simple (double) champignon
foot-rail, flat-footed rail	rail à patin, à base plate
the bed-plate	la platine, la selle
the spike	le crampon
Vignole's rail	rail Vignoles
Barlow('s) rail	rail Barlow
bridge rail	rail en ∩ (en U renversé)
channel rail	rail en H
plate rail	rail plat
edge rail	rail à bande saillante
parallel rail	rail parallèle
fish-bellied rail	rail ondulé
steel rail	rail en acier
steel-headed rail	rail à tête d'acier
the rail-saw	la scie circulaire à couper les rails

duration, or life — la durée
   wear — l'usüre
the inclination of rails — l'inclinaison des rails
the super-elevation of the outer rail — le surhaussement du rail extérieur
   to super-elevate — surhausser
the plate-layer — le poseur
   to lay down the rails — poser les rails
the joint, rail-joint — le joint des rails
suspended joint — joint en porte-à-faux
supported joint — joint appuyé, sur appui
fish-joint — joint éclissé
fishing — l'éclissage
   to fish — éclisser
   a fish-plate — une éclisse
the track, the line — la voie
laying the track, track laying — la pose de la voie, la mise des rails
double track — double voie
through line, main track — voie principale
side track — voie de service, de garage
single railway or line — chemin de fer à voie unique
   double — à deux voies, à double voie

the gauge — la largeur de la voie
the middle space, called the six feet — l'entre-voie

the shunting, siding, turn-out — la garage, le changement de voie
the siding-way — la voie garage
a switch — une aiguille
   the movable rail, or tongue — le rail mobile

the connecting-rod, switch-rod	la tringle
the lever	le levier
the counterweight	le contrepoids
the crossing	le croisement, la traversée
the guard rail	le contre-rail
the frog	le cœur, la pointe de cœur
the traverser	le chariot de service, chariot transporteur
with pit or trench	à fosse
at the same level	à niveau
the turn table	la plaque tournante
the pivot	le pivot
the deck or platform	le plancher, ou plateforme
the rollers	les galets
the race, the circular track	le cercle de roulement.
Tunnelling	*Percement des tunnels*
to cut (to drive) a tunnel, shaft, etc. (*No.* 41.)	percer un tunnel, puits, etc.
a lining	un revètement
the gate	la barrière
the viaduct	le viaduc
the aqueduct	l'aqueduc
the level crossing	le passage à niveau
the over-bridge	le passage en dessus
the under-bridge	le passage en dessous
the skew bridge	le pont biais
bridge building	la construction des ponts
a bridge	un pont
the roadway	la chaussée

the floor	le tablier
the girder	la poutre, le support
the arch	l'arche
the span	l'ouverture, la portée
the centre	le cintre
the pier	la pile
the abutment	la culée
foundation (*No.* **50.**)	fondation
timber bridge	pont en charpente
stone bridge	pont en pierre
boiler-plate bridge	pont en tôle
girder bridge	pont à poutres
lattice bridge	pont en treillis
suspension bridge	pont suspendu
the wire-rope, wire cable	le câble en fil de **fer**
the chain	la chaine
the tie-rod	la tige
moveable bridge	pont mobile
turn-bridge	pont tournant
draw-bridge	pont-levis
the leaf	la trappe
pontoon bridge	pont de pontons
tubular bridge	pont tubulaire, pont tube
a foot-bridge	une passerelle
flying bridge, ferry	pont volant
the ferry boat	le bac.

4. *Rolling stock.*	4. *Matériel roulant.*
Locomotive (*No.* 53.)	Locomotive
passenger engine or loco-motive	machine à voyageurs
goods engine	machine à marchandises

express engine	machine à grande vitesse
tank engine	machine-tender
mountain engine	locomotive de montagne
tractive power	la force de traction
the adhesion **of the** wheels	l'adhérence des roues
the tender	le tender
the tank	la caisse à eau, le réservoir
rolling stock	matériel roulant, matériel d'exploitation
the vehicle	le véhicule
the waggon, or wagon	le wagon
the body	la caisse
frame, wheels, **etc.** (*No.* 53.)	châssis, roues, **etc.**
the under-carriage	le train de voiture
the soles	les longerons
the head stocks, or end timbers	les traverses extrêmes
the cross bars	les traverses (intermédiaires)
the diagonals	la croix de St. André
cast-iron chilled wheel	roue en fonte coulée en coquille
disc-wheel, plate-wheel	roue à disque, roue pleine
fore-(hind-)wheel	roue d'avant (d'arrière)
the spoke	le rais
the carriage (in America —the car)	la voiture
passenger carriage (or car)	voiture à voyageur
the compartment	le compartiment
first-class carriage	voiture de première classe

composite carriage	voiture mixte
express, mail carriage	voiture de grande vitesse
saloon-carriage, (palace-car)	voiture-salon, wagon de luxe
sleeping-carriage (sleeping-car)	wagon-lits
Pullman car	Pullman car
post-office or mail carriage	wagon-poste
luggage van, (baggage car)	fourgon, wagon à bagages
goods wagon, (freight car)	wagon à marchandises
truck, (flat car)	le truc
van, covered goods-wagon, (box or house car)	le fourgon, le wagon couvert et fermé
cattle wagon	wagon à bestiaux
coal wagon	wagon à houille
the brake, or break (*No.* 46.)	le frein
self-acting brake	frein automoteur
atmospheric brake	frein atmosphérique
continuous brake	frein continu, frein à effet continuel
vacuum brake	frein-vacuum, frein par le vide
Westinghouse air brake	frein à air de Westinghouse
hydraulic brake	frein hydraulique
the counter-steam	la contre-vapeur
the brakeman	le garde-frein
the brake-van	le wagon-frein.

Q

5. *Working.*

The traffic	Le trafic, la circulation
local traffic	trafic local
passenger traffic	trafic des voyageurs
the passenger service	le service des voyageurs
goods (or freight) service	service des marchandises
night service	service de nuit
to open for traffic	livrer à la circulation
the opening	l'inauguration
to be worked	être exploité
the receipts	les recettes
the expenses, expenditure	les dépenses
the cost of construction	les frais de construction
average cost per metre run	dépense moyenne **par** mètre courant
cost (or expenses) of maintenance	frais d'entretien
cost for repairs	frais de rèparation
working expenses	dépenses d'exploitation
net income, earnings	le produit net
the salaries	les traitements
the officials, employees	les employés, le personnel
a company	une compagnie
the shareholder	l'actionnaire
the board of directors	le conseil d'administration, le comité de direction
the general superintendent	le directeur·général
the master of transportation	le chef du mouvement
the chief engineer	l'ingénieur en chef
the station master	le chef de gare
the watchman, signalman	le garde-voie, garde-ligne, cantonnier

5. *Exploitation.*

the switchman, pointsman	l'aiguilleur
the plate-layer	le poseur de rails
the engine driver	le mécanicien
the fireman	le chauffeur
the guard	le conducteur
the telegraph (*No.* 28.)	le télégraphe
the semaphore	le sémaphore
the signal	le signal
all right	la voie est libre
caution, go slow	ralentir la marche
danger; stop	danger; arrèt!
the train	le train, le convoi
passenger train	train de voyageurs
goods train	train de marchandises
express train, mail train	(train) express
fast train	train de grande vitesse
special train	train spécial
excursion train	train de plaisir
mixed train	train mixte
ordinary train	train omnibus
up-train	train montant
down-train	train descendant
to go by a train	aller par un train
the train starts, leaves	le train part
it stops	il s'arrête
it arrives, comes in	il arrive
the arrival	l'arrivée
starting	le départ
the starting signal	le signal de départ
stopping	l'arrèt
get in	en voiture
the delay	le retard
to be behind time	être en retard,

the speed	la vitesse
the change of carriage	le changement de voiture
to change	changer de voiture
the time-table	le tableau de service
the ticket	le billet
return ticket	billet d'aller et de retour
circular tourist ticket	billet circulaire
available for a month	valable pendant un mois
a first class ticket	un billet de première classe
to take a ticket	prendre un billet
the booking office	le bureau
the wicket	le guichet
the fare	la course
an accident	un accident
the collision	la rencontre
to leave the rails	sortir de la voie, dérailler
running off the rails	le déraillement
the snow-plough	l'enneigement, le chasse-neige
the station	la station, la gare
the intermediate station	la station intermédiaire
the terminus, terminal station	le terminus, la station extrème ou tète de ligne
the junction	la station de jonction
passenger station	gare des voyageurs
goods (or freight) station	gare des marchandises
the goods (or freight) depôt	le dèpôt des marchandises
the waiting-room	la salle d'attente
the refreshment room	le buffet
the luggage-office	le bureau des bagages
to have one's luggage registered, labelled	faire enregistrer 'son bagage

the overweight	le surpoids
the platform	le quai
arrival platform	quai d'arrivée
departure platform	quai de départ
the water station	la station d'eau, d'alimentation
the water-crane	la grue hydraulique
a hoist	un monte-charge
the shops (*No.* 54.)	les ateliers
repair shop	atelier de réparation
the shed	le hangar
the engine house	la remise à locomotives.

56.

Coal Gas.

Gaz de Houille.

Gas lighting	L'éclairage au gaz
gas manufacture	la fabrication du gaz
a gas work	une usine à gaz
coal gas	le gaz de houille
illuminating gas	le gaz d'éclairage
composition (*No.* 38.)	composition
the raw materials	les matières premières
gas coal (*No.* 38.)	charbon à gaz
distillation	la distillation
the retort	la cornue
gas retort	cornue à gaz
a clay retort	une cornue en terre

made of cast-iron, of boiler-plate	en fonte, en tôle
the mouth-piece	l'embouchure
a flange	un collet
a gas-tight joint	un joint parfaitement étanche
a bolt	un boulon
the lid	le couvercle, le tampon
the oven	le four
charging	le chargement
the scoop	la cuiller
to charge	charger
the hydraulic main	le barillet
the ascension pipe, stand-pipe	le tuyau de dégagement
to dip into the liquid	plonger dans le liquide
a tube for running off the tar	un tube d'écoulement pour le goudron
the exhauster	l'aspirateur, l'exhausteur, l'extracteur
the condenser	le condenseur, le jeu d'orgue
to cool the tubes externally	refroidir les tubes extérieurement
the inlet tube	le tube adducteur
the outlet tube	le tube abducteur
the tank	la caisse
the partitions	les cloisons
the tar-cistern	la citerne à goudron
the scrubber	le laveur
purification	l'épuration
the purifier	l'épurateur
dry (wet) purifier	épurateur sec (humide)

the purifying agent	l'agent épurateur
the gas passes through the lime spread over the surface of sieves	le gaz passe à travers la chaux étendue sur des claies
a cast-iron box	une caisse en fonte
oxide of iron	oxyde de fer
the Laming mixture	le mélange de Laming
the revivification	la révivification
the spent lime	la chaux épuisée (ou consumée)
the gasholder, gasometer	le gazomètre
to store the gas	emmagasiner le gaz
a storage capacity of 60 cubic meters	une capacité de 60 mètres cubes
the bell	la cloche
telescope-gasholder	gazomètre télescopique
the tank, the water-cistern	la cuve, le réservoir à eau
the inlet-pipe	le tube (ou tuyau) d'arrivée
the outlet-pipe	le tube de sortie
the governor	le régulateur
the hydraulic valve	la soupape hydraulique
the meter, station-meter	le compteur de fabrication
the distribution	la distribution
a conduit	une conduite, un tuyau de conduite
the main	la conduite principale
the service-pipe	le tuyau de distribution
the socket	le manchon
the syphon-pot	le siphon de purge
the consumption	la consommation
the consumer	le consommateur

the illuminating power	le pouvoir éclairant
testing illuminating **gas**	essai du gaz d'éclairage
the gas-burner	le bec, ou brûleur
flat burner	bec plat
the slit	la fente
jet-burner	bec à jet
bat's-wing (burner)	bec à papillon, ou bec en ailes de chauve souris
fish-tail (burner)	bec Manchester, bec en queue de poisson
Argand	bec d'Argand
the gas-meter	le compteur
the case	la boite
the drum	le tambour
the compartments, **or** chambers	les compartiments **ou** chambres
the valve	la soupape
the float	le flotteur
the index registers the number of revolutions	l'index enregistre **le** nombre des tours
dry (wet) gas-meter	compteur sec (humide)
the residual products, by-products	les sous-produits, les produits secondaires
coke (*No.* 38.)	coke
ammonia (*No.* 35.)	l'ammoniaque
ammoniacal liquor	eaux ammoniacales
ammoniacal salts	sels ammoniacaux
(coal-)tar	le goudron (de houille)
heavy oils	huiles lourdes
benzole, or benzine	la benzine
aniline	l'aniline
aniline colours	couleurs d'aniline

aniline red	le rouge d'aniline
phenol, carbolic acid	le phénol, l'acide carbolique
salicylic acid	acide salicylique
picric (or carbazotic) acid	acide picrique
naphthaline	la naphtaline
paraffine	la paraffine.

57.

Glass.

VERRE.

Glass	Le verre
bottle glass	le verre à bouteilles, verre commun
window glass	verre à vitres
sheet glass	verre en manchons
crown glass	verre à boudines
Bohemian crystal	le cristal de Bohème
plate glass, mirror glass	verre à glaces
opal glass	verre opale
optical glass	verre d'optique
flint glass	le flint-glass
crown glass	le crown-glass
strass	le strass
enamel	l'émail
soluble glass, water glass	verre soluble
pressed glass	verre moulé
toughened or hardened glass	verre trempé ou durci
devitrified glass, Reaumur's porcelain	le verre dévitrifié, la porcelaine de Rèaumur
devitrification	la dévitrification

glass is fusible, fragile, brittle, transparent, colourless	le verre est fusible, fragile, cassant, transparent, incolore
it may be drawn out into threads	il peut se tirer en fils fins
Prince Rupert's drops, *lacrimœ Bataviœ*	les larmes bataviques, larmes de verre
the philosophical phial	la fiole philosophique
reticulated glass	verre réticulé
filigree	verre filigrané
millefiori	verre mosaïque, millefiori
frosted glass	verre craquelé
artificial gems	pierres précieuses artificielles
artificial or false pearls	perles artificielles
solid	solides
blown	creuses (soufflées)
scales of the bleak	des écailles d'ablette
essence of the east	essence d'Orient
coloured glass	verre coloré
to colour by metallic oxides	teindre par des oxydes métalliques
glass-painting	la peinture sur verre
flashed glass	verre doublé ou plaqué
hyalography	l'hyalographie
the art of etching on glass	l'art de graver sur verre
hydrofluoric acid (*No.* 37.)	l'acide fluorhydrique.
The glass-house, glass-works	*La verrerie*
the composition	la composition

cullet

raw materials

    silica, soda, potashes,
Glauber's salt, lime,
quartz, sand, felspar,
minium or red lead,
litharge, zinc-white,
glass-maker's soap,
peroxide of manganese, etc.

smelting

the pot, smelting pot

open pot

    the form of a truncated
cone

covered pot or crucible

    the dome-cap

    the mouth

to dry, to anneal, to glaze
the pots

the glass furnace

the melting oven

eight-pot furnace

    the working hole

    the fire-hole

    the siege or seat

Siemens's gas oven

the (re)generator

the arches, fire arches

    fine arch

the frit

    to frit

le groisil

matières premières

    la silice, la soude, la
potasse, le sel de
Glauber, la chaux, le
quartz, le sable, le
feldspath, le minium,
la litharge, le blanc
de zinc, le savon de
verrerie, le peroxyde
de manganèse, etc.

la fusion

le pot, le creuset

creuset ouvert

    la forme d'un cône tronqué

creuset couvert

    la voûte, le chapiteau

    l'ouverture

dessécher, attremper, vitrifier les pots

le four de verrerie

le four de fusion

four à huit creusets

    l'ouvreau

    l'ouverture de feu

    le siège

le four à gaz de Siemens

le (ré)générateur

les arches

    arche à fritter

la fritte

    fritter

fritting	le frittage
the fire-man	le chauffeur
the glass-gall, sandiver, salts	le fiel (ou sel) de verre
the ladle	la cuiller
refining	l'affinage
the pole	la perche
the journey	la journée
a defect	un défaut
an impurity	une impureté
a stria	une strie
a thread	une filandre
a drop, a tear	une goutte, une larme
an air bubble, or blister	une bulle
a knot	un nœud
pasty consistence	consistance pâteuse
blowing	le soufflage
the blower	le souffleur
the assistant	l'aide ou gamin
the gatherer	le souffleur
the finisher	le finisseur
the tool	l'outil
the pipe	la canne
to dip into the glass	plonger dans le verre
to gather	cueillir
a gathering	une prise
the rest	la fourche, le support de la canne
the sheet-iron blade	le racloir
the shears	les ciseaux
the mould	le moule
the maver, mavering table	le mabre
the bridge	le tréteau

to swing	balancer
to assume the form of a cylinder	prendre la forme d'un cylindre
the pointel, punto	le pontil
to detach, to crack off	détacher
the neck	le col, le chapiteau, la calotte
to open the cylinder	ouvrir ou fendre le cylindre
to draw out glass tubes	étirer des tubes de verre
a glass rod	une baguette de verre
spreading, flattening	l'étendage
flattening kiln, spreading furnace	le four d'étendage, four à étendre
annealing	le recuit
the annealing kiln	le four à recuire
crown glass	le verre à boudines
the nipple, bullion	la boudine, l'œil de bœuf
plate-glass	le verre à glace, la glace
casting	le coulage, la coulée
to cast	couler
the cuvette	la cuvette
the girdle by which it is grasped	la ceinture par laquelle elle est saisie
the tongs	la tenaille
the crane	la grue
the tunnel	la tonnelle
lading	le tréjetage
the casting table	la table à couler
the roller	le rouleau
the rulers, ruler bars	les tringles ou règles
the wiping bar	la croix à essuyer
the head of the mirror	le bord recourbé

to push into the carquaise or annealing oven	pousser dans **la carcaise**
the front door, or throat	la gueule
glass cutting	l'art de tailler les verres, **la** taille des verres
roughing-down	l'ébauchage, le dégros-sissage
smoothing	l'adouci
polishing	le polissage
the lathe	le tour, le banc à tailler
the disc, wheel	la meule
emery; putty; colcothar; tripoli	l'émeri; la potée d'ètain; le colcothar; le tripoli
to cement the mirrors on a stone table (bench)	sceller les glaces sur **une** table en pierre
silvering	l'étamage.

58.

Pottery.

POTERIE.

Ceramic art, pottery	La céramique
preparation of the materials	préparation des matériaux
clay (*No*. 40.)	argile
weathering	la décomposition à l'air
to weather	abandonner à l'air libre
a frost	une gelée
to temper	détremper
treading, tempering	le marchage
kneading	le pétrissage
to knead	pétrir, malaxer

the pit — la fosse
the vat — la cuve
the pug-mill, pugging machine — la machine à pétrir, le découpoir mécanique
  the hopper — la trémie
to work into a thin pulp — transformer en une bouillie peu épaisse

to dilute with water — délayer avec de l'eau
to run off through sieves — faire couler à travers des tamis

drying — la dessication, le ressuage
to crush, to grind — broyer
to wash — laver
to pulverise — pulvériser
to reduce into an impalpable powder — réduire en poudre impalpable
ripening in a damp place — la pourriture dans un lieu humide

the paste — la pâte
moulding — le façonnage
throwing — l'ébauchage
the potter's lathe — le tour à potier
  the templet — l'estèque, l'ébauchoir
  the slip — la barbotine
  the thrower — le tourneur
to dry in the stove-room — dessécher dans le séchoir
the shrinkage — le retrait
turning — le tournassage
the turning-lathe — le tour
  to turn — tournasser
  the (turning-)tool — le tournassin
  the chuck — le mandrin

press-work	le moulage à la presse
casting	le coulage
the plaster mould	le moule en plâtre
the pattern	le modèle
glazing	la mise en glaçure
by immersion	par immersion
by dusting	par saupoudration
by watering, by washing	par arrosement
by volatilisation	par volatilisation
the glaze	la glaçure, la couverte
to apply	poser
lead glaze	la glaçure plombifère ou vernis
enamel	l'émail
lustre	le lustre
gold lustre ·	le lustre d'or
a flux	un fondant
burning, baking	la cuisson
the kiln, oven	le four
the porcelain oven	le four à porcelaine
the fire-place, furnace	l'alandier
the laboratory	le laboratoire
the howell, or crown	le couronnement
the peep-hole	la visière
the upper floor	l'étage supérieur
the charging of the kiln	l'enfournement, le chargement du four
the sagger, or seggar	la cazette ou gazette
to sagger	encazeter
cock-spur	patte de coq
the bung	la pile de cazettes
the watches	les montres
the great fire	le grand feu

emptying the oven	le défournement
sorting	le triage
porcelain painting	la peinture sur porcelaine
a muffle	un moufle
gilding	la dorure
porcelain, china	la porcelaine
hard porcelain	porcelaine dure
translucid	translucide
sonorous	sonore
fine-grained fracture	cassure finement granuleuse
dense	compact
tender (soft) porcelain, soft china-ware	porcelaine tendre
biscuit	le biscuit
pottery	la poterie
stone-ware	le grès-cérame, la poterie de grès
earthenware	la faïence fine cailloutée, le cailloutage
unglazed stone-ware or Wedgwood(-ware)	grès non vernissé ou Wedgwood
fayence	la faïence
fine white fayence	faïence blanche fine
common enamelled fayence	faïence commune émaillée
painting	la peinture
casting	l'engobage
printing	l'impression
lustre	le lustre
flowing-colours	les flowing-colours
an alcarraza	un alcaraza
Parian	le parian
common pottery	poterie commune

R

Majolica	la majolique
terra-cotta	la terre cuite.

The brick	*La brique*
preparation of the clay	préparation de l'argile
brick clay, brick earth	la terre à briques
brick moulding	le moulage des briques
the mould	le moule
to strike off the clay	retrancher l'argile
the strike	la plane
brick-making machine	machine à briques
the press-roller	le rouleau compresseur
a continuous bar of clay	un ruban d'argile
drying	la dessication
the drying shed	le séchoir
to set on edge	placer de champ
burning	la cuisson
the clamp	le four de campagne ou meule
the brick kiln	le four à briques
annular kiln	four annulaire, four Hoffmann
burnt brick	brique cuite
unburnt or air-dried brick	brique crue
stock, grey and red stock	brique vitrifiée
hollow brick	brique creuse
floating brick	brique légère, brique flottante
compressed brick	brique pressée
Dutch clinker	brique hollandaise
the tile	la tuile
plain tile	tuile plate

ridge tile	tuile faîtière
gutter tile	tuile gouttière
pantile	tuile flamande, tuile courbe
paving tile	le carreau
drain pipe	le tuyau de drainage
Dutch tile	tuile hollandaise
fire–brick	brique réfractaire
the crucible (*No. 34*)	le creuset.

59.

Spinning.

FILATURE.

Flax	*Le lin*
hemp	le chanvre
rotting	le rouissage
breaking	le macquage, le broyage
to break	macquer, broyer
the break	la macque, la broie
the mail	le battoir
breaking-machine	machine à broyer
scutching	le teillage
the bench	le chevalet
the scutch-blade	l'espade
scutch-mill, scutching machine	machine à teiller
hackling	le peignage
hackling-machine	machine à peigner, peigneuse

the hackle	le peigne
the pins	les dents
the strick	la poignée
the tow	les étoupes
long line or flax	le long brin ou lin
cut	coupé
preparing	la préparation
spreading or first drawing	le premier étirage
the spreader	la table à étaler
the sliver	le ruban
carding, roving, etc. (*see* p. 246)	cardage, filage en gros, etc.
dry (wet) spinning	le filage à sec (à eau chaude)
the bobbin	la bobine
winding	le bobinage
the hot water frame	le métier à eau chaude
twisting frame	machine à retordre
reeling	le dévidage
the reel	le dévidoir.

Wool	*La laine*
sheep's wool	laine de mouton
sheep-shearing	la tonte des moutons
lamb's wool	laine d'agneau
dead wool	laine morte, ou moraine
the fleece	la toison
suint	le suint
Cashmere wool	laine de Cachemire
vicuna wool	laine de vigogne
alpaca wool, pacos hair	laine d'alpaca
mohair, camel's wool	le mohair
long (short) wool	laine longue (courte)
carding wool	laine à cardes
combing wool	laine à peigne

sorting	le triage
washing	le lavage
the hydro-extractor	l'essoreuse, la toupie
scouring	le désuintage
oiling	le graissage
to oil	huiler, graisser
combing	le peignage
the combing machine	la peigneuse
the comb-pot	le pot à peignes, le poèle
the noyls	les peignons, les blouses
the sliver	le trait
the devil, willow	le loup, le diable
willowing	le louvetage
carding, etc. (P. 246)	cardage, etc.
slub(bing), roving	la mèche
warp	la chaine
weft	la trame.

Cotton	*Le Coton*
the gin, cotton-gin	la machine à égrener
to gin	égrener
to separate the fibre from the seed	séparer les fibres des graines
the roller gin	le roller-gin
the saw-gin	le saw-gin
a cotton factory	une filature de coton
the willow	le willow
the beater	le frappeur
the feed(ing) roller	le cylindre alimenteur
fluted roller	cylindre cannelé
the grid	la grille
a fan	un ventilateur
the conical willow	le panier conique

the cotton opener	l'ouvreuse
the first scutcher	le batteur-éplucheur
the lap machine	le batteur-étaleur
the lap	la nappe
carding	le cardage
the card	la carde
the teeth, hooks	les dents
the card-sheet, sheet-card	la feuille, la plaque de cardes
the fillet-card, card-fillet	le ruban de cardes
the breaker	le briseur, la carde en gros ou briseuse
the finisher	le finisseur, la carde en fin ou finisseuse
double card	carde double
cylinder cards	cardes à cylindres
carding engine	machine à cardes
the main cylinder	le tambour
the urchins, or squirrels	les hérissons
the tops, top flats, top cards	les chapeaux
the doffer	le peigneur
the comb, doffer-knife	le peigne
the licker-in	le briseur
the worker	le travailleur
the clearer	le débourreur
the card-end, riband, sliver	le ruban
self-acting stripper	débourreur mécanique
the combing machine	la peigneuse
a conductor	un guide
the feeding roller	le rouleau alimentaire

a star-wheel	une roue à étoiles
the jaws of a nipper	les mâchoires d'une pince
the combing cylinder	le cylindre peigneur
the detaching rollers	les cylindres arracheurs
a head	une tète
drawing	l'étirage, le laminage
the drawing frame	le banc d'étirage
drawing roller, front roller	cylindre étireur
top roller, or presser	cylindre de dessus, ou presseur
the turning can	la lanterne tournante
doubling	le doublage
roving	le filage en gros
slubbing frame, coarse roving frame	banc à broches en gros
intermediate frame	banc à broches en moyen
tube roving frame	machine (ou banc) à tubes
can roving frame	banc à lanternes
the bobbin and fly frame	le banc à broches
the spindles	les broches
the bobbin	la bobine
the flyer	l'ailette
to twist	tordre
twisting	la torsion
the twist	le tors
a drum pulley	un tambour-poulie
fine bobbin and fly frame, fine roving frame	banc à broches en fin
spinning	le filage en fin
water-twist frame, water-frame, throstle	le métier continu (ou métier hydraulique)

the jenny	la jenny
the mule	le mule-jenny
self- acting mule, self-actor	le self-acting, le métier à filer automate
the creel	le porte-bobines
the carriage	le chariot
running in, going in	la rentrée
running out, drawing out	la sortie
the stretch, draw	la course, l'aiguillée
the second stretch	l'étirage supplémentaire
the copping wire, faller-wire	la baguette
counter-faller	contre-baguette
the cop	la cannette, la bobine
backing off	le détournage, le dépoin-tage
warping	l'ourdissage
weaving	le tissage
the loom	le métier
power loom	métier mécanique
burling	l'épinçage
fulling	le foulage
teasling	le lainage
shearing	la tonte
dressing	l'apprêtage
lustring	le décatissage
brushing	le brossage
pressing	le pressage.

60.

Paper.

PAPIER.

The paper manufacture	La fabrication du papier
the paper-mill	la papeterie
the paper-maker	le fabricant de papier
preparation of the materials	préparation des matières premières
the rag	le chiffon
linen, cotton, silk rags	chiffons de lin, de coton, de soie
vegetable substances	substances végétales
stamps or prints(coloured rags)	chiffons colorés
rag paper	papier de chiffons
the rag store-room	le magasin de chiffons
sorting the rags	le triage des chiffons
cutting into small pieces	le découpage, dérompage
cleansing	le nettoyage
the rag-cutting machine	le dérompoir, la coupeuse
the devil, willow	le willow, le loup
the dusting machine, the rag duster	la machine à bluter
a wire-cloth	un tissu métallique
the rag-boiler	le lessiveur, la chaudière rotative
washing	le lavage
the lye	la lessive
a boiler	une chaudière
hollow trunnions	des tourillons creux

a jet of steam	un jet de vapeur
bleaching	le blanchissage, le blanchiment
chloride of lime	chlorure de chaux
the bleaching vat	la caisse ou cuve de blanchiment
fermentation, putrefaction	le pourissage
the stamp-mill	le moulin à maillets ou à pilons
the rag-engine	la pile (à cylindre)
the vat, cistern	la boîte, la caisse, la cuve
the partition, called mid-feather	la cloison
the axle, driving-shaft	l'arbre
the cylinder	le cylindre, le rouleau
the blades, cutters	les lames
the case, cap	le chapiteau
the plate	la platine
the back-fall	la gorge
the sieve, hair-sieve	le châssis (garni de toile métallique)
the sand trap	le sablier
the soiled (dirty) water escapes, flows away	l'eau sale s'écoule
the washing drum	le tambour-laveur
the washing engine	la pile défileuse (ou effilocheuse)
the stuff	la pâte
the half-stuff	la demi-pâte, le défilé
the pulp	la pâte raffinée, le raffiné
the beating-engine	la pile raffineuse
the pulp-engine	la raffineuse centrifuge ou pulp-engine
bluing	l'azurage

sizing in the pulp	le collage à la pile ou en pâte
the pulp vat	la cuve à ouvrer
hand-making	fabrication à la main
hand-made paper	papier à la main, à la forme
the mould	la forme
the frame	le châssis
the cross-pieces	les pontuseaux
the laid wire	la vergeure
wove paper	papier vélin
laid paper	papier vergé
the water-mark	le filagramme ou filigrane
the deckle	la frisquette
dipping	le puisage
the vatman	l'ouvreur
the coucher	le coucheur
to couch	coucher
the post	la porse
the felt	le feutre ou flôtre
the press	la presse
drying	le séchage
the drying loft	le séchoir ou étendoir
water-leaf	papier sans colle
glazing	le satinage, le glaçage
to pass through polished rollers	passer entre des cylindres polis
machine-made paper, endless paper	papier à la mécanique, papier sans fin ou continu
paper(-making) machine	machine à papier
the chest	le reservoir à raffiné
to dilute the pulp with water	délayer le raffiné avec de l'eau

an agitator	un agitateur
the lifter	la noria
the knotter, or strainer	l'épurateur
the web of paper	le ruban de papier
the endless web of wire cloth, the endless wire	la toile métallique sans fin
copper rollers	des rouleaux de cuivre
a shogging motion	un mouvement latèral de va-et-vient
the deckle or boundary strap	la courroie, la couverte
the dandy roller	le rouleau ègoutteur
an air-pump	une pompe pneumatique
a suction apparatus	un aspirateur
the vacuum	le vide
the press-rolls	la presse
the first press-rolls	la première presse ou presse humide
the endless web of felt, the felt sheet	le feutre sans fin
the drying cylinders heated by steam	les cylindres sécheurs chauffés par la vapeur
the calenders or glazing rolls	les calandres
sizing	le collage
the tub of size	la cuve à coller, le mouilloir
the paper is wound upon a reel	le papier s'enroule sur un dévidoir
to cut the paper longitudinally	couper le papier en long
paper-cutting machine	machine à couper, coupeuse

the sheet	la feuille
the quire	la main
the ream	la rame
writing paper	papier écolier, papier à écrire
letter paper	papier à lettres
printing paper	papier d'impression
wrapping paper	papier d'emballage
drawing paper	papier à dessiner
blotting paper	papier buvard
filtering paper	papier à filtrer
tracing paper·	papier à calquer
mill-board	le carton de couchage
pasteboard	le carton (de collage)
papier-maché	le papier mâché
coloured paper	papier coloré
stained paper	papier de couleur
parchment paper	papier parchemin
vegetable parchment	parchemin végétal.

61.

Sugar.

SUCRE.

Cane sugar, or sucrose	Sucre de canne ou saccharose
grape or starch sugar, or glucose	sucre de raisin ou glucose
fruit sugar, or levulose	sucre de fruits ou lèvulose
milk sugar, or lactose	sucre de lait ou lactose
uncrystallisable sugar	sucre incristallisable
to crystallise in prisms	cristalliser en prismes
the grain	le grain

polarisation, sacchari meter, etc. (*No.* 18)	polarisation, sacchari- mètre, etc.
saccharic acid	acide saccharique
mucic acid	acide mucique
sacchariferous	saccharifère
saccharine, sugary	saccharin
the saccharate	le saccharate
cane sugar	sucre de canne
beet-root sugar	sucre de betteraves
colonial sugar	sucre colonial
raw sugar	sucre brut
muscovado sugar	la moscovade '
cassonade	la cassonade
refined sugar	sucre raffiné
lump sugar	lumps
sugar candy	sucre candi
barley sugar	sucre d'orge
caramel	le caramel
a sugar manufactory, sugar- house	une sucrerie
a refinery	une raffinerie
extraction of sugar from beet-root	l'extraction du sucre des betteraves
the beet(-root), sugar beet white Silesian beet	la betterave (à sucre) betterave blanche de Silésie
washing	le lavage
a washing machine	une machine à laver
rasping	le râpage
the beet-root rasp pinion, etc. (*No.* 48)	la râpe à betteraves pignon, etc.
a connecting rod	une bielle
a friction roller	un galet

the case	le manteau
the hopper	la trémie
the drum	le tambour
the saw blade	la lame de scie
the plunger	le poussoir
the pulp	la pulpe
the juice	le jus
hydraulic press (*No.* 7)	presse hydraulique
the residue	le résidu
the centrifugal machine	la turbine
maceration	la macération
the diffusion process	le procédé par diffusion
the root cutter	la machine à couper
the slices	les cossettes
drying	la dessication
the drying chamber	l'étuve
the monte-jus	le monte-jus
clarifying, defecation	la défécation
the defecating pan	la chaudière à défécation
a cock	un robinet
a pipe	un tuyau
a coil	un serpentin
steam-heated	chauffée à la vapeur
double bottom	double fond
the scums	les écumes
to mix with milk of lime	mélanger avec du lait de chaux
to pass a stream of carbonic acid	passer un courant d'acide carbonique
the extraction of sugar from the sugar cane	l'extraction du sucre de la canne
the sugar-mill	le moulin à cylindres
gearing, etc. (*No.* 48)	engrenage, etc.

the roller	le cylindre ou role
fluted	cannelé
the top roller	le role supérieur
the feeding (or side) roller	le role à cannes
the delivery roller or macasse	le role à bagasse
the returner	la bagassière
to express the liquor or juice	exprimer le jus
the megass or bagasse	la bagasse
the cane-juice	le vesou
clarifying, clarification	la clarification ou défécation
a pan or cauldron	une chaudière
to add the temper (the lime)	ajouter la chaux
the teache, No. 1	la batterie
the grand, No. 5	la grande
the cooler	le rafraichissoir
the crystalliser	le cristallisoir
wooden chests	des bacs en bois
the curing-house	la purgerie
potting casks, hogsheads	les tonneaux
the molasses drains off	la mélasse s'égoutte
the cistern	la citerne
raw or muscovado sugar	sucre brut ou moscovade
sugar refining	raffinage du sucre
dissolving	la dissolution
the defecating pan	la chaudière à clarifier
filtration	la filtration
to purify; to decolorize	purifier; décolorer
the filter	le filtre

to filter the liquor	filtrer le sirop
the filter-press	le filtre-presse
the bag-filter, Taylor's filter	le filtre Taylor
the upper, lower cistern	le compartiment supérieur, inférieur
the case or casing	la caisse
the bag	le sac
the bell	l'embouchure
charcoal filter	filtre à noir
granulated animal charcoal	noir animal en grains
to revivify	revivifier
the revivification	la revivification
the evaporation (or concentration) of the clarified liquor	l'évaporation (ou concentration) du jus purifié
the concentration pan	la chaudière évaporatoire
open pan	chaudière à feu nu
heated on an open fire	chauffée à feu nu
suspended pan	chaudière à bascule
the vacuum pan	la chaudière à vide, chaudière à cuire
the sight-hole	la fenètre, la lunette
the proof-stick	la sonde
to take a proof	faire la preuve, prendre une preuve
• the consistency of the syrup	la consistance du sirop
the condenser (*No.* 52)	le condenseur
the air pump	la pompe à air
the proof or test	la preuve

s

string test	preuve au filet
hook test	preuve au crochet
bubble test	preuve au soufflé
the heater	le réchauffeur
filling	l'empli
the filling-room	l'empli
the mould	la forme
cones of sheet iron	des cônes en tôle
an orifice at the tip (apex)	une ouverture au sommet
to stop; to unstop	boucher; déboucher
the plug	le tampon, la tape
the stove	l'étuve
the molasses, the syrup	la mélasse, le sirop
the mother-liquor	l'eau-mère
green syrup	sirop vert
liquoring	le clairçage
the liquor, fine liquor	la clairce
claying	le terrage
first product	sucre de premier jet
second (third) product	sucre de deuxième (troisième) jet
the sugar loaf	le pain
bastards	les bâtardes
the centrifugal	la turbine, la toupie
the cylindrical basket of wire gauze	le tambour en toile métallique fine
a speed of 1,000 revolutions a minute	une vitesse de 1,000 tours par minute.

62.

Beer.

BIÈRE.

Barley	L'orge
cellulose, vegetable fibre	la cellulose
the germ	le germe
starch	l'amidon
gluten	le gluten
sugar, gum	le sucre, la gomme
albumen	l'albumine
the extractive matter	le principe extractif
hops	le houblon
the hop pole	la perche à houblon
the female flowers, or catkins	les fleurs femelles, les cônes
the oast, oast-house, hop-kiln	la touraille à houblon
drying	la dessiccation
packing	l'emballage
the pocket	la poche (sac d'environ 75 kilogr.)
the hop bag	le sac (d'environ 150 kilogr.)
lupuline, farina	la lupuline, la farine de houblon
a volatile oil	une huile essentielle
tannin	le tannin
resin	la résine
sulphured hops	houblon soufré

malting	le maltage
the malt	le malt
to malt	malter
the maltster	le malteur
steeping	le mouillage ou trempage
to steep	mouiller, tremper
to swell	se gonfler
the increase of bulk	l'augmentation de volume
the steep(ing) tub, steeping cistern	le cuve mouilloire, cuve à tremper
the malt-floor	le germoir
the couch	le tas
to spread	étendre
to turn over	retourner
sweating	le ressuage
germination	la germination
the radicle, or rootlet	lar adicule
the acrospire, or plumule	la piumule
mucilage	le mucilage
saccharification	la saccharification
diastase	la diastase
dextrine	la dextrine
pale, amber yellow, brown malt	malt pâle, jaune d'ambre, brun
black malt, colouring malt	malt-couleur
drying in a well-aired granary	le séchage dans un grenier bien aéré
the drying floor	le séchoir
air-dried malt	malt séché à l'air
kiln-dried malt	le malt de touraille
kiln-drying	le touraillage

the malt-kiln	**la** touraille
perforated	percé de trous
wire cloth	**t**oile métallique
a hurdle	**u**ne claie
to torrify	torréfier
the fan, winnow**ing ma**-chine	le tarare
to grind, **to** bruise the malt	moudre, concasser **le** malt
ground **or** bruised malt, grist	**le** malt broyé **ou** concassé
the malt-mill	**le** moulin à malt
the crushing mill	**le** moulin à cylindres, **le** concasseur à malt
the rollers	**le**s cylindres concasseurs
mashing	**le** brassage, le démêlage
to mash	brasser
the mash-tun	**la** cuve-matière
a double bottom ´	**u**n double fond
the (false) bottom	**le** (faux-)fond
wood staves hooped **to**-gether	des douves de bois re-liées par des cercles en fer
to agitate	agiter
the rake	**le** brassoir
the mash(ing)-machine	l'agitateur, **le** brassoir mécanique
to draw off, drain off **the** wort	faire écouler, soutirer **le** moût
the infusion	l'infusion
first, second wort	**le** premier, deuxième moût
extract of malt, malt ex-tract	l'extrait de malt
the grains	**la** drêche

used **for feeding cattle**	employé pour **la nourriture du** bétail
the underback	le reverdoir, la cuve reverdoire
boiling	la cuisson
the boiling **concentrates** the wort	la cuisson concentre le moût
it coagulates and **precipitates** the albuminous matter	elle coagule et précipite les substances albumineuses
flocculent	floconneux
the brewing	le brassin
to hop	houblonner
the copper	la chaudière à cuire
the rouser	l'agitateur
the hop-back	le bac à repos
cooling, refrigeration	le refroidissement
the cooler, surface cooler	le refroidissoir, le bac
a fan	un ventilateur
the refrigerator	le réfrigérant
the foxing of the wort	l'acidification du moût
fermentation	la fermentation
to ferment	fermenter
the ferment	le ferment
the sporules	les spores
spontaneous fermentation	fermentation spontanée
alcoholic fermentation	fermentation alcoolique
vinous, acetous, saccharine fermentation	fermentation vineuse, acétique, saccharine
lactic ; butyric	lactique ; butyrique
putrefactive fermentation, putrefaction	fermentation putride ou putrèfaction

fermentation · from be-
low, sedimentary fer-
mentation

fermentation avec dépôt

surface fermentation

fermentation superfici-
elle

·yeast, barm
superficial **or** surface
yeast
bottom yeast

the fermenting-house
the fermenting-tun, **the**
gyle-tun
the swimmer
setting **the** beer with
yeast
the froth
the bloom
the head, frothy head
attenuation
the fermentation in the
casks, the after-fermen-
tation
the clarification
to clarify
fining
isinglass
the store-vat, store cask
storing
the store cellar
the cask
to cask off the beer
casking

la levûre
levûre superficielle

levûre de dépôt
la chambre de fermentation
la cuve guilloire

le flotteur
la mise en levain

l'écume
le bouquet
le chapeau
l'atténuation
le guillage

la clarification
clarifier
le collage
la colle de poisson
la cuve de réserve
l'emmagasinage
la cave d'emmagasinage
le tonneau
entonner la bière
l'entonnement, l'enton-
nage

the barrel, small cask   le baril
to bottle beer   mettre ou tirer en bouteilles
strong, weak beer   bière forte, légère
small beer, table-beer   petite bière
brown beer   bière brune
stout   le stout
ale ; porter   ale ; porter
Bavarian beer   bière de Bavière
summer beer   bière d'ètè
winter beer   bière d'hiver
lager beer, store beer   bière de garde
the ice-house   la glacière
brewing   le brassage
the brewer   le brasseur
the brewery   la brasserie.

APPENDIX.

THE PRIMITIVE TIMBER-TREES.

Latin.—French.—English.—German.

Abies excelsa, épicéa commun, *common spruce-fir,* gemeine Fichte

Abies Nordmannia, sapin de Nordmann, *Nordmann's silver fir,* Kaukasustanne

Abies pectinata, sapin pectiné, *silver fir,* Edeltanne

Acer campestre, érable champêtre, *common maple,* Feldahorn

Acer platanoides, érable plane, *plane-like maple,* Spitz-Ahorn

Acer pseudoplatanus, érable sycomore, *sycamore,* Berg-Ahorn

Aesculus carnea, marronier rouge, *red horse chestnut,* rothblühende Rosskastanie

Aesculus hippocastanum, marronier d'Inde, *horse chestnut,* ächte Rosskastanie

Alnus glutinosa, aune glutineux, *common alder,* Roth-Erle

Amygdalus communis, amandier commun, *almond,* ächter Mandelbaum

Amygdalus persica, pêcher, *peach,* Pfirsichbaum

Berberis, épine-vinette, *barberry,* Sauerdorn

Betula Alba, bouleau blanc, *common birch,* Nordische Birke

Betula verrucosa, bouleau verruqueux, *warted birch,* Hängebirke

Buxus, buis, *box*, Buchsbaum

Carpinus, charme, *hornbeam*, Hornbaum

Castanea sativa, châtaignier commun, *sweet or Spanish chestnut*, ächter Kastanienbaum

Catalpa bignonoides, catalpa cordifolié, *catalpa*, Nordamerikanischer Trompetenbaum

Cornus mascula, cornouiller mâle, *white dogwood*, *Cornelian cherry*, Kornelkirsche

Corylus avellana, coudrier noisetier, *hazel*, gemeine Hasel

Corylus colurna, coudrier de Byzance, *Constantinople hazel*, Baumhasel

Cupressus, cyprès, *cypress*, Cypresse

Cytisus capitatus, cytise à fleurs en tète, *capitate cytisus*, köpfiger Geisklee

Diospyros ebenus, ébénier, *ebony*, Ebenholzbaum

Elœagnus, chalef, *eleagnus*, Oelweide

Eronymus, fusain, *spindle tree*, Spindelbaum

Fagus sylvatica, hètre commun, *beech*, gemeine Rothbuche

Fraxinus, frène, *ash*, Esche

Fraxinus ornus, frène à fleurs, *flowering ash*, gemeine Steinesche

Genista, genèt, *broom*, Ginster

Genista tinctoria, genèt des teinturiers, *dyers' greenwood*, Färbe-Ginster

Gleditschia triacanthus, févier à 3 épines, *honey locust*, dreidornige Gleditschia

Hedera, lierre, *ivy*, Epheu

Hyppophaë rhamnoides, argousier rhamnoïde, *sea buckthorn*, gemeiner Sanddorn

Ilex aquifolium, houx commun, *holly*, Stechpalme

Juglans regia, noyer commun, *walnut*, edler Wallnussbaum

Juniperus, genévrier, *juniper*, Wachholder

Laburnum vulgare, faux ébénier, *laburnum*, Bohnenbaum

Larix cedrus, cèdre, *cedar (of Lebanon)*, Ceder.

Larix decidua, mélèze, *larch*, gemeine Lärche

Ligustrum vulgare, troëne commun, *privet*, gemeine Rainweide

Mespilus germanica, néflier commun, *medlar*, ächter Mispelstrauch

Mespilus oxyacantha, aubépine épineuse, *common hawthorn*, stumpfblätteriger Weissdorn

Morus, mûrier, *mulberry*, Maulbeerbaum

Pinus austriaca, pin noir d'Autriche, *Austrian fir*, Schwarz-Kiefer

Pinus silvestris, pin sylvestre, *Scotch fir*, gemeine Kiefer

Pinus strobus, pin de Lord Weymouth, *Weymouth pine*, Weymouth-Kiefer

Pirus achras, poirier, *pear*, Birnbaum

Pirus cydonia, cognassier, *quince*, Quittenbaum

Pirus malus, pommier, *apple*, Apfelbaum

Platanus, platane, *plane*, Platane

Populus alba, peuplier blanc, *white poplar*, Silberpappel

Populus pyramidalis, peuplier pyramidal, *Lombardy poplar*, Pyramidenpappel

Populus tremula, peuplier-tremble, *aspen*, Zitterpappel

Prunus armeniaca, abricotier commun, *apricot*, Aprikosenbaum

Prunus cerasus, cerisier, *cherry*, Kirschbaum

Prunus œconomica, prunier, *plum*, Zwetschenbaum

Prunus padus, cerisier à grappes, *bird cherry*, Traubenkirsche

Prunus spinosa, prunellier épineux, *sloe*, Schlehenstrauch

Quercus cerris, chêne chevelu, *Turkey oak*, Zerr-Eiche

Quercus pedunculata, chêne pédunculé, *British oak*, Stiel-Eiche

Quercus suber, chêne-liège, *cork tree*, Kork-Eiche

Rhamnus, nerprun, *buckthorn,* Kreuzdorn

Robinia pseudoacacia, robinia faux acacia, *acacia,* gemeine Akazie

Salix alba, saule blanc, *common willow*, Silberweide

Salix caprea, saule marceau, *goat willow,* Palmweide

Salix fragilis, saule fragile, *crack willow,* Bruchweide

Sambucus ebulus, sureau yèble, *dwarf elder,* Zwerg
Hollunder

Sorbus aucuparia, sorbier des oiseleurs, *mountain ash,
rowan,* gemeine Eberesche

Sorbus domestica, cormier domestique, *service-tree,*
ächter Spierling

Staphylœa pinnata, staphylier penné, *bladder-nut-tree,*
Pimpernussstrauch

Swietenia mahogani, mahogon, *mahogany,* Mahagoni-
baum

Syringa vulgaris, lilas commun, *common lilac,* gemeiner
Flieder

Taxus baccata, if commun, *yew,* gemeiner Eibenbaum

Tectona grandis, te(c)k, *teak,* Teckholzbaum

Thuja occidentalis, thuya du Canada, *American cedar,*
abendländischer Lebensbaum

Tilia euchlora, tilleul à feuilles vertes, *brightgreen-leaved
lime-tree,* freudig grüne Linde

Tilia tomentosa, tilleul de Hongrie, *downy lime-tree,*
morgenländische Silberlinde

Tilia ulmifolia, tilleul à petites feuilles, *small-leaved
lime-tree,* Steinlinde

Tilia vulgaris, tilleul intermédiaire, *common lime-tree,*
Zwischenlinde

Ulmus campestris, orme champètre, *common elm,* Feld-
Ulme

Ulmus campestris suberosa, orme champètre subéreux,
corkbarked elm, Kork-Ulme

Ulmus scabra, orme montagnard, *mountain elm,* Wald-
Ulme.

ENGLISH INDEX.

A.

aberration, 51
absorption, 38
acceleration, 5
accident, 228
accommodation, 59
acids, 92-95
acoustics, 30-33
actinic rays, 54
adapter, 101
adit, 136
adze, 207
aërostation, 25
affinity, 89
air, 21, 107
air-balloon, 23-25
air-gun, 26
air-pump, 25
ajutage, 16
alabaster, 129
alarum, electric, 79
albumen, 58
alcoholometer, 20
alembic, 102
alloys, 99
aludel, 146
alum, 132
aluminium, 131
aluminium bronze, 99
amalgam, 99
amalgamation, 152
ammonia, 106
ammonium, 106
amorphous, 111
Ampère's stand, 75

Amperian currents, 61
analysis, chemical, 88
anemometer, 83
aneroid barometer, 23
anhydrides, 93
aniline, 232
animal charcoal,119
annealing (glass), 237
anode, 74
anthracite, 117
apatite, 114
apparatus, 100, etc.
appendages of a boiler, 196
apron, 185, 187
aquafortis, 107
aqua regia, 113,153
arch, 157, 235
Archimedean screw 182
Archimedes' principle, 19
areometer, 19, 20
armature, 67
Artesian well, 18
aspirator, 101
assay of alloys, 155
astatic needle, 62
atmosphere, 21, 107
atom, 1, 89
attraction, 7
Atwood's machine, 12

auger, 210
aurora borealis, 85
axe, 207
axis (of mirror), 50
axle, 206

B.

back-lash, 179
back-pressure, 200
back-water, 184
backing-off, 248
bagasse, 256
baking, 240
balance, 10
balance-weight, 201
ballasting, 218
balling furnace, 126
balloon, 23, 24
Barker's mill, 16
barm, 263
barometer, 22-23
barrel, 27, 203
base, 92
battery, electric, 68, 72
battery, magnetic, 62
bay, 185
beaker, 100
beam, 10
bearing, 177
beat, 35
beer, 259-264
beet, 254
beetle, 185
bell-metal, 99

T

winding, 244
windlass, 177
winds, 83
winning, 136
Wollaston's doublet, 55
Woltman's mill, 16
wood spirit, 119
wool, 244

work, 36, 171
working, 134, 136
working railways, 226
workshop, 207
worm, 175
wort, 261

Y.

yeast, 263

Z.

Zamboni's pile, **71**
zinc, 143
zones, 87

FRENCH INDEX.

A.

aberration, 51
absorption, 38
abstrich, 150
accélération, 5
accessoires de la chaudière, 196
accident, 228
acides, 92-95
acide azotique, 107
acide carbonique, 120
acide des chambres, 112
acide chlorhydrique, 125
acide silicique, 130
acide sulfurique, 111
acier, 167
aciérage, 75
acoustique, 30-33
adaptation, 59
adouci, 238
aérage des mines, 138
aérostat, 23-24
affinité, 89

affleurement, 134
aigrette électrique, 69
aiguille, 10, 221
aiguille aimantée, 61
aiguillée, 248
aimant, 60
aimantation, 62
air, 21, 107
ajutage, 16
alambic, 102
albâtre, 129
albumine, 58
alcoolomètre, 20
alésoir, 211, 213
alimentation des chaudières, 196
alliages, 99
allonge, 101
allumettes, **115**
allure, 133
alphabet télégraphique, 79
aludelle, 146
aluminium, 131
alun, 132
amalgamation, 152
amalgame, 99
âme, 78

ammoniaque, **106**
ammonium, 106
amorphe, **111**
analyse chimique, 88
analyse spectrale, 53, 54
anche, 35
anémomètre, 84
anéroïde, baromètre 23
angle limite, 52
angle optique, **59**
aniline, 232
anode, 73
anthracite, 117
appareils, 100, etc
appareil de Morin, 11
appareil à fourchettes, 10
appareil de sauvetage, 30
appatite, 114
arc voltaïque, **73**
arc-en-ciel, 85
arche, 235
Archimède, principe d', 19

J. S. Levin, Steam Printing Works, 2 Mark Lane Square, E.C.

HACHETTE & CO., *French Publishers and Booksellers, beg to call attention to the following important series of French Educational Works :—*

Primers and Grammars.

BUÉ'S Illustrated French Primer. Cloth, 1s. 6d.
—— Early French Lessons. Cloth, 8d.
—— First French Book. Cloth, 10d.
—— Second French Book. Cloth, 1s.
—— Key to the First and Second Books, and to the First Steps of French Idioms (for Professors only). 2s. 6d.
BRACHET'S Public School ELEMENTARY French Grammar. Cloth, 2s. 6d.
——————— Separately. Part I. Accidence. Cloth, 1s. 6d.—Part II. Syntax. Cloth, 1s. 6d.
——————— Key to the Two Parts (for Professors only). Cloth, 1s. 6d.
——————— Supplementary Exercises. Accidence. Cloth, 1s.
——————— Public School French Grammar. Cloth, 2s. 6d.
——————— Exercises. Part I. Accidence. Cloth, 1s. 6d.
——————— Key to Ditto (for Professors only). Cloth, 1s. 6d.
——————— Exercises. Part II. Syntax. (*In preparation*).
BAUME'S Practical French Grammar and Exercises. Cloth, 3s. 6d.
——— Key to ditto. 2s. 6d.
——— French Syntax and Exercises. Cloth, 4s.
——— Key to ditto. 2s. 6d.
——— French Manual of Grammar, Conversation and Exercises. Cloth, 3s.

CHARENTE'S New and complete Course of strictly graduated and Idiomatic Studies of the French Language:—

GRAMMAR.

Part   I.—Pronunciation ; Accidence. Cloth, 2s.
   ,,   II.—French and English Syntax Compared. Cloth, 2s.
   ,,   III.—Gallicisms and Anglicisms. Cloth, 2s. 6d.
   ,,   IV.—Syntaxe de Construction ; Syntaxe d'Accord ;
                   Difficultés. Cloth, 2s.

EXERCISES.

Part   I.—Pronunciation ; Accidence. Cloth, 1s. 6d.
   ,,   II.—French and English Syntax Compared. Cloth, 2s.
   ,,   III.—Gallicisms and Anglicisms. Cloth, 1s. 6d.
   ,,   IV.—Syntaxe de Construction ; Syntaxe d'Accord ;
                   Difficultés. Cloth, 1s. 6d.

CHEVALIER, Rapid French.   Cloth, 1s. 6d.

EHRLICH'S French Grammar.   Cloth, 3s. 6d.

GENLAIN, Golden Path to French.   Part I. Cloth, 1s. 6d.—Part II.   Cloth, 2s. 6d.

GUAY'S French Grammar.   Cloth, 3s.

MEISSNER'S Historical French Grammar, or the Philology of the French Language.   Cloth 3s.

PERINI'S 100 Questions and Exercises on the Grammar of the French Language.   Cloth, 2s.

———— Queries on the Philology of the French Language.   Cloth, 1s. 6d.

WENDLING, Le Verbe.   A complete Treatise on French Conjugation.   1s. 6d.

French Composition.

D'AUQUIER'S Children's Own Book of French Composition.   Cloth, 1s. 6d.

BLOUET'S Class Book of French Composition. Cloth, 2s. 6d.

———— Key to Ditto.   2s. 6d.

MARIETTE'S Half-hours of French Translation. Cloth, 4s. 6d.

———— Key to ditto.   Cloth, 6s.

PERINI'S Extracts in English Prose.   Cloth, 2s.

ROULIER'S First Book of French Composition. Cloth, 1s. 6d.

———— Second Book of French Composition. Cloth, 3s.

———— Key to the First Book (for Professors only) 2s. 6d.

———— Key to the Second Book. 3s.

French Dictation.

DICTÉES DU Iᵉʳ AGE.   Cartonné, 1s. 3d.

DEFODON, Cours de Dictées.   Cartonné, 1s. 10d.

French Correspondence.

RAGON, A. Commercial, Part I. General Forms, Circulars, Offers of Service, Letters of Introduction, and Letters of Credit. Cloth, 2s.—Part II. (*In preparation.*)

DE CANDOLE. General Correspondence. Cloth, 2s.

French Poetry.

FRENCH NURSERY RHYMES, Poems, Rounds and Riddles. Cloth, 1s.

LA LYRE ENFANTINE, Recueil de Poésies Morales, graduées et choisies. Cloth, 1s. 3d.

BARBIER, P. Class Book of French Poetry. Cloth, 1s. 3d.

PRESSARD, A. Exercices de Récitation et de Lecture. Boards, 1s. 3d.

WITT. Poésies pour les jeunes filles. Boards, 2s.

CHAPSAL. Modèles. Morceaux choisis en Vers. Boards, 2s. 6d.

French Verb Copy Books.

CHEVALIER, Memory-aiding. 1s.

PERINI. 25 Exercises. 6d.

MOIRA, Pinot De. Verb Copy Book. 8d.

ROULIER. Parsing and Derivation Papers. 1s.

Dialogues and Comparative Idioms.

BUÉ'S Comparative Idioms ·—
> English Part.   Cloth, 2s.
> French Part.   Cloth, 2s.
> German Part.   Cloth, 2s.

——— First Steps in French Idioms, with Exercises (an Introduction to the above). Cloth, 1s. 6d.

——— Key to the same (*see* page 1).   2s. 6d.

RICHARD AND QUÉTIN'S (by Brette and Masson.)   Cloth, 1s. 6d.

—————————————————— WORD BOOK. Cloth, 6d.

TONDU'S New Memory-aiding French Vocabulary.   Cloth, 1s. 6d.

Graduated Elementary French Readers.

JANAU'S Elementary French Reader.   Cloth, 8d.

——— Infant's Own French Book.   Cloth, 1s.

HACHETTE'S Children's Own French Book. Cloth, 1s. 6d.

——— First French Reader.   Cloth, 2s.

——— Second French Reader.   Cloth, 1s. 6d.

——— Third French Reader.   Cloth, 2s.

ATTWELL, Henry.   Jack and the Beanstalk. A Lesson in French.   Cloth, 3s.

KASTNER'S Anecdotes Historiques et Littéraires.   Cloth, 2s.

THE ETON SECOND FRENCH READER. Cloth, 3s.

Advanced Readers. (Modern Authors.)

(The Editors Names are placed in Parenthesis.)

Vol. I.—ABOUT. La fille du Chanoine, la Mère de la Marquise (BRETTE et MASSON.) Cloth, 2s.

Vol. II.—LACOMBE, PAUL. Petite Histoire du Peuple Français (BUÉ.) Cloth, 2s.

Vol. III.—TÖPFFER. Histoire de Charles, Histoire de Jules (BRETTE.) Cloth, 1s.

Vol. IV.—WITT, Derrière les Haies, (De Bussy.) Cloth, 2s.

Vol. V.—VILLEMAIN. Lascaris (DUPUIS.) Cloth, 1s. 6d.

Vol. VI.—MUSSET. Pierre et Camille, Croisilles, etc. (MASSON.) Cloth, 2s.

Vol. VII.—PONSARD. Le Lion Amoureux (DE CANDOLE.) Cloth, 2s.

Vol. VIII.—GUIZOT. Guillaume le Conquérant (DUBOURG.) Cloth, 2s.

Vol. IX.—GUIZOT. Alfred le Grand (LALLEMAND.) Cloth, 2s. 6d.

Vol. X.—CHATEAUBRIAND. Aventures du dernier Abencerage (ROULIER.) Cloth, 1s.

Vol. XI.—SCRIBE. Bertrand et Raton (BUÉ.) Cloth, 1s. 6d.

Vol. XII.—BONNECHOSE. Lazare Hoche (BUÉ, HENRI.) Cloth, 1s. 6d.

Vol. XIII.—PRESSENSÉ. Rosa (MASSON.) Cloth, 2s.

Vol. XIV.—MÉRIMÉE. Colomba (BRETTE.) Cloth, 2s.

Vol. XV.—MAISTRE Xavier de, Un Voyage Autour de ma Chambre. (BUÉ.) Cloth, 1s.

Vol. XVI.—D'AUBIGNÉ, Bayart, (BUÉ.) Cloth, 2s.

Vol. XVII.—SAINTINE. Picciola, Book I. (BAUME.) Cloth, 1s. 6d.

Vol. XVIII.—SAINTINE. Picciola, Books II. and III. (BAUME.) Cloth, 1s. 6d. Vols. XVII. and XVIII. in one vol. complete, 2s. 6d.

Series I.

Price per Volume, 6d.; in cloth, 1s.

BRUEYS.—L'Avocat Patelin.

CORNEILLE.—Le Cid, Cinna, Horace, Polyeucte.

MOLIÈRE.—L'Avare, le Bourgeois Gentilhomme,
les Femmes Savantes, les Fourberies de Scapin, le
Malade Imaginaire, le Médecin malgré lui, le Misan-
thrope, les Précieuses Ridicules, Tartuffe.

MUSSET, Alfred de.—On ne saurait penser à
tout. Il faut qu'une porte soit ouverte ou fermée.

RACINE.—Andromaque, Athalie, Britannicus,
Esther, Iphigénie, Phèdre, les Plaideurs.

VOLTAIRE.—Mérope, Zaïre.

Series II.

LA FONTAINE.—Fables. Notes by F. TARVER,
M.A. 450 pages. Cloth, 2s.

PIRON.—La Métromanie. Notes by F. TARVER,
M.A. Cloth, 1s. 6d.

VOLTAIRE.—Charles XII. Notes by G. MASSON,
B.A. 2s.

VOLTAIRE.—Louis XIV. Chapters 1 to 13.
(V. Oger.) Cloth, 2s.
———————— Louis XIV. Chapters 14 to 24.
(V. Kastner.) Cloth, 2s.
———————— Louis XIV. Chapters 25 to 34.
(V. Oger.) Cloth, 2s.

Ouvrages reçus en Dépôt.

LE THÉATRE FRANÇAIS DU XIXe SIÈCLE

publié par une société d'éminents professeurs de littérature française en Angleterre.

Price per Volume, 9d. ; in Cloth, 1s.

THIS collection will comprise the *chefs-d'œuvre* of AUGIER, BOUILLY, DE BANVILLE, COPPÉE, DELAVIGNE, DUMAS, MME. DE GIRARDIN, VICTOR HUGO, LEBRUN, PONSARD, SAND, SANDEAU, SARDOU, and SCRIBE, carefully edited, and correctly and elegantly printed.

In no form can the French language as now spoken, its spirit and idioms, be studied to greater advantage than in the masterpieces of the contemporary French Drama.

Such a publication has not yet been attempted in this country. We will, therefore, briefly state the object the editors have in view :—

CORNEILLE, RACINE, MOLIÈRE, VOLTAIRE are acknowledged classics, and their works absolutely require to be fully illustrated with notes, historical and philological, taken from the best authorities.

The case is different when we consider the productions of the contemporary French Drama. In editing the works of modern dramatic authors, the principal thing required in the way of elucidation is a good translation of the idiomatic passages which might puzzle the reader, and prevent him from enjoying their wit, humour, and pathos.

Each play is preceded by a short critical notice, and accompanied by such notes as are indispensable, and a careful rendering of the most difficult expressions.

Professors and Teachers may add such explanations as they consider desirable.

Le Théâtre Français du XIXe Siècle.

CONTENTS.

8

HACHETTE'S
ILLUSTRATED FRENCH PRIMER;

OR THE

Child's First French Lessons.

EDITED BY

HENRI BUÉ, B.-ès-L.,

French Master at Merchant Taylors' School, London.

The easiest Introduction to the Study of French, with numerous Wood Engravings.

New and Cheaper Edition. 1 vol. small 8vo. cloth. Price 1s. 6d.

――――― ―――――

"In 'Hachette's Illustrated French Primer' we have a capital little introduction to the mysteries of the French language intended for very young children, and really adapted to their comprehension. The pronunciation of the letters is first explained and exemplified, and then the young pupil is led on to mastery of words, simple sentences, and idiomatic phrases. There is no inculcation of formal rules; the eye, ear, and memory are alone appealed to, and by the proper use of this book, teachers will be able to lay an excellent foundation for the future more systematic study of French."—*Scotsman.*

There is scarcely a page without a cleverly-executed engraving, and a child could certainly learn French from no better devised or more interesting manual."—*Literary Churchman.*

9

THE

FIRST FRENCH BOOK

GRAMMAR, CONVERSATION, AND TRANSLATION.

DRAWN UP FOR THE REQUIREMENTS OF THE
FIRST YEAR,

AND ADOPTED BY THE SCHOOL BOARD FOR LONDON, ETC.

With two Complete Vocabularies

EDITED BY
HENRI BUÉ, B.-ès-L.,
French Master at Merchant Taylors' School, London.

160 pages, cloth. Twelfth Edition. Price 10d.

THE

SECOND FRENCH BOOK

GRAMMAR, CONVERSATION, AND TRANSLATION.

Drawn up according to the requirements of the second year, with two complete Vocabularies, and a set of Examination Papers.

1 vol. 208 pages. Fourth Edition. Cloth, price 1s.

The sale of more than 8,000 copies of the above Primer in less than six months is perhaps the best proof of its usefulness.

Keys to the First and Second Books and to the First Steps in French Idioms.

For Professors only. 1 vol., 2s. 6d. (*Now ready.*)

COMPARATIVE IDIOMS.

FIRST STEPS IN FRENCH IDIOMS.

CONTAINING

An Alphabetical List of Idioms, Explanatory Notes, and Examination Papers.

Edited by HENRI BUÉ, B.-ès-L.,

French Master at Merchant Taylors' School, London.

1 vol., 192 pages, cloth.   Price 1s. 6d.

" The present work is designed as an introduction to the *Expressions Idiomatiques Comparées*, and will be found extremely useful for students who wish to become acquainted with colloquial French. The words are arranged in alphabetical order, and the principal idiomatic phrases in which they occur are given, together with an English version. Excellent notes illustrate the origin of the various locutions, and a selection of one thousand sentences serves the purpose of examination tests."—*School Board Chronicle.*

" One of the commmendable characteristics of this little book is that it gives intelligible reasons for idiomatic peculiarities. Another feature which will be found to be a recommendation is the supply of the key-word, which is to be taken into account in rendering English sentences into French. In these two particulars it is the best guide we have met with, and we recommend it to learners as a book they will find pleasure as well as profit in mastering."—*The British Mail.*

" Everyone who has acquired any knowledge of French is ever ready to admit that, perfect as his accent and his knowledge of the *finesse* of the language may be, its idioms are never mastered but by those who have for years lived on the other side of the Channel, and not even by many of these, although after a long study and anxious desire to read, write, and speak French as well as they can their own mother tongue. M. Bué has indeed grappled, tooth and nail, with this difficulty, by giving as complete a method of instruction for the conquering of this difficulty that could possibly be prepared. So perfect is the grasp of his subject, that he will have the blessings of thousands for having enabled them to overcome an obstacle that has hitherto been deemed and pronounced to be insuperable."—*Bell's Weekly Messenger.*

EARLY FRENCH LESSONS

BY

HENRI BUÉ, B.-ès-L.,

French Master at Merchant Taylors' School, London.

The compiler of this little book has had in view to teach the young beginner as many French words as possible in the least tedious manner. He has found by experience that what children dislike most to learn are lists of words, however useful and well cnosen, and that they very soon get weary of disconnected sentences, but commit to memory most readily a short nursery rhyme, anecdote, or fable. Hence the selection he has made.

Fifth Edition. 64 Pages. Cloth, Price 8d.

Adopted by the School Board for London.

JANAU'S
ELEMENTARY FRENCH READER.

A collection of interesting and instructive short stories, adapted for use in Middle Class Schools, with a complete French-English Vocabulary.

At the request of several leading members of the Scholastic Profession, I have undertaken to compile an Elementary French Reader, suitable, on account of its price and contents, to Middle Class and other Schools. The matter contained in this book will afford ample scope for the teacher to exercise his pupils in conversation and elementary translation, while the bold type chosen will make it more pleasant to read.

The Vocabulary gives every word in the text, the plural of nouns and adjectives (when formed otherwise than by the addition of *s*), and the feminine of all adjectives, thus avoiding the need of a dictionary. For purposes of reference, I have added a list of regular and irregular verbs.

I trust this little volume will answer the purpose I had in view when compiling it, and meet with the approbation of Teachers.

Seventh Edition. 96 Pages. Cloth, Price 8d.

PHILOSOPHE SOUS LES TOITS

JOURNAL D'UN HOMME HEUREUX

PUBLIÉ PAR

M. ÉMILE SOUVESTRE

With Explanatory Notes

BY

JULES BUE,

*Hon. M.A. Oxford ; Taylorian Teacher of French, Oxford ; Examiner
in the Oxford Local Examinations from* 1858, *etc.*

1 vol. cloth.   Price 1s. 6d.

Nous connaissons un homme qui, au milieu de la fièvre
de changement et d'ambition qui travaille notre société, a
continué d'accepter, sans révolte, son humble rôle dans le
monde, et a conservé, pour ainsi dire, le goût de la pauvreté.
Sans autre fortune qu'une petite place dont il vit sur ces
étroites limites qui séparent l'aisance de la misère, notre
philosophe regarde, du haut de sa mansarde, la société
comme une mer, dont il ne souhaite point les richesses et
dont il ne craint pas les naufrages.   Tenant trop peu de
place pour exiter l'envie de personne, il dort tranquillement
enveloppé dans son obscurité.

Non qu'il se soit retiré dans l'égoïsme comme la tortue
dans sa cuirasse !   C'est l'homme de Térence, qui ne " se
croit étranger à rien de ce qui est humain."   Tous les objets
et tous les incidents du dehors se réfléchissent en lui ainsi
que dans une chambre obscure où ils décalquent leur image.
Il "regarde la société en lui-même " avec la patience
curieuse des solitaires, et il écrit, pour chaque mois, le
journal de ce qu'il a vu ou pensé.   C'est *le calendrier de
ses sensations*, ainsi qu'il a coutume de le dire

Admis à le feuilleter, nous en avons détaché quelques
pages, qui pourront faire connaître au lecteur les vulgaires
aventures d'un penseur ignoré dans ces douze hôtelleries
du temps qu'on appelle des mois.

LA JEUNE SIBÉRIENNE

ET LE

LÉPREUX DE LA CITÉ D'AOSTE

PAR

XAVIER DE MAISTRE

WITH GRAMMATICAL AND EXPLANATORY NOTES AND AN INDEX
OF HISTORICAL AND GEOGRAPHICAL NAMES

BY

V. KASTNER, M.A.

Officier d'Académie
Professor of French Literature in Queen's College, London.

1 vol. cloth. Price 1s. 6d.

ROSA

PAR

MADAME E. DE PRESSENSÉ

With Grammatical Notes

BY

GUSTAVE MASSON, B.A.

Officier d'Académie
ASSISTANT MASTER AND LIBRARIAN, HARROW SCHOOL,
FRENCH EXAMINER AT CHARTERHOUSE.

Cloth, price 2s.

The difficulty of finding in the French language a really unexceptionable Children's Book is still often remarked, but Madame De Pressensé has, we believe, solved the problem. " Rosa " is a gem of its kind, and it is not too much to say that it would be impossible to select a volume combining a healthier religious and unsectarian tone with greater literary merit. Our young friends cannot but enjoy mastering idiomatic French when it is presented to them in the shape of an interesting story; and the notes we have added will, we trust, help them through the few puzzling expressions which occur in the text.

14

ANECDOTES
HISTORIQUES ET LITTÉRAIRES.

A Selection of French Anecdotes from the best Classical
and Modern Writers.

With Historical and Explanatory Notes.

By V. KASTNER, M.A.

Officier d'Académie

Professor of French Literature in Queen's College, London.

Third Edition.   Small 8vo. cloth.   Price 2s.

The book is intended to provide those engaged in teaching French with some assistance in their work, by placing in their pupils' hands a Reader, which contains material more interesting, and capable of fixing the attention of the young, than those usually employed.

At the same time it will be of use in encouraging the practice of *French conversation* in classes, since anecdotes, such as those here selected, afford at once a natural subject for a conversation, and also in themselves supply the pupil with most of the words and phrases requisite for carrying it on.

Class-Book of French Composition

BY

L. P. BLOUET, B.A.,

French Master, St. Paul's School, London.

New Edition.   With an English-French Vocabulary.

1 vol., small 8vo. cloth.   Price 2s. 6d.

The compiler has chosen amusing and interesting pieces by English authors, and given all the rules of French grammar that refer to each sentence to be translated into French. The compiler has aimed at writing a class-book which may enable a young pupil to learn his grammar, or an advanced one to revise it, *whilst translating*.

OUTLINES OF FRENCH LITERATURE,
Leading Facts and Typical Characters.
A Short Guide to French Literature from the Commencement to the Present Days.
WITH TWO CHRONOLOGICAL TABLES, AN INDEX, &c.
By GUSTAVE MASSON, B.A., UNIV. GALLIC.,
Assistant Master and Librarian, Harrow School.

Cloth, Price 1s. 6d.

The *Outlines* are intended to meet the wants of two classes of students, namely, those who have not yet formed an intimate acquaintance with French literature, and those who, in view of an examination, wish to take a brief survey of the ground over which they have travelled.

Beginners will have their attention arrested by those authors and literary events with which every one should be familiar, *whilst the table of suggested readings, at the end of the volume, contains a list of the typical masterpieces best calculated to serve as a foundation for more extended studies.*

"Mr. GUSTAVE MASSON'S *Outlines of French Literature* contains a great amount of information in very small space. His book is trustworthy, and is capable of being very useful as an introduction to the study of French literature."
Scotsman.

Ouvrages du Dr. F. J. WERSHOVEN, en vente à la Librairie Hachette.

THE
SCIENTIFIC ENGLISH READER.

PART I. — PHYSICS, CHEMISTRY, CHEMICAL TECHNOLOGY, 2s. 6d.

PART II.—MECHANICS, MACHINERY, 2s.

PART III.—CIVIL ENGINEERING, 2s. 6d.

BY HENRI BUÉ,

B. ès L., Officier d'Académie,
Principal French Master, Christ's Hospital, London, etc., etc.

Illustrated French Primer, or the Child's First French Lessons. The easiest introduction to the study of French, with numerous wood engravings. New and cheaper Edition. 1 vol. small 8vo, cloth, 1s. 6d.

Early French Lessons. New Edition. 64 pages. Cloth, 8d. The compiler of this little book has had in view to teach the young beginner as many French Words as possible in the least tedious manner. He has found by experience that what children dislike most to learn are lists of words, however useful and well chosen, and that they very soon get weary of disconnected sentences, but commit to memory most readily a short nursery rhyme, anecdote, or fable. Hence the selection he has made.

The First French Book. New Edition, 1 vol., 228 pages. Cloth, 10d. Grammar, Exercises, Conversation, and Vocabularies. Drawn up according to the requirements of the First Stage. Every lesson is followed by a short dialogue for conversational practices. The volume comprises the whole Accidence. The rules are stated in the clearest possible manner. A chapter on the Philology of the Language, and some for reading and translation, a complete Index and two complete Vocabularies, follow the Grammatical portion. Its moderate price and its completeness will make it one of the best books for use in our Middle-Class and National Schools and other large establishments.

The Second French Book. New Edition, 1 vol., 208 pages. Cloth, 1s. Grammar, Exercises, Conversation, and Translation, Complete Vocabularies and a Set of Examination Papers. Drawn up according to the requirements of the Second stage.

First Steps in French Idioms. New Edition, 1 vol., 192 pages. Cloth, 1s. 6d. Containing an Alphabetical List of Idioms, Explanatory Notes, and Examination Papers.

The Key to the above, together with the Keys to the First and Second Books (*for Teachers only*). In 1 vol., 2s. 6d.

One Hundred and Fifteen Supplementary Exercises to the 'First French Book.' 1 vol. small 8vo, cloth, 10d.

The Elementary Conversational French Reader. A Collection of Interesting Stories, printed in bold, clear type, and adapted for use in Schools, with Conversation, Examination Questions, Notes, and a complete French-English Vocabulary. 1 vol. small 8vo, 80 pages, limp cloth, 6d.

The New Conversational First French Reader. A Collection of interesting narratives, adapted for use in Schools, with a list of difficult words to be learned by heart, Conversation, Examination Questions, and a complete French-English Vocabulary. 224 pages, cloth, 10d.

Easy French Dialogues. A useful collection of Sentences and Practical Conversations on every-day Subjects, for beginners and young pupils. 1 vol, small 8vo, 80 pages, limp cloth, 6d.

A Primer of French Composition. (*In preparation.*)

14 DAY USE
RETURN TO DESK FROM WHICH BORROW
LOAN DEPT.

This book is due on the last date stamped be
on the date to which renewed.
Renewed books are subject to immediate recal

APR 21 1967 60

REC'd Engml.b

4/24/67
RECEIVED
APR 24 '67 -5 PM

LOAN DEPT.

JUN 2 1967 60

JUN 12 '67 -1 PM

JUN 12 '67 -1 PM

THÉÂTRE FRANÇAIS

OPINIONS OF THE PRESS.

' Adapted for schools and families, this new series of modern plays fulfils all it promises, and forms a valuable addition to the already extensive library of modern authors issued by the same firm. Each play is prefaced by a summary; the notes leave little unexplained ; and the plays are mostly short enough to be got through easily in one term. The very low price at which the little books are published places them within the reach of all.'— *Educational Times.*

' The plays contained in these little volumes are, as regards the interest of the subject-matter, the unexceptional tone which pervades them, and the brightness and wit of the dialogue, excellently fitted for school reading. They are the very best kind of "conversations" for acquiring a good knowledge of colloquial and idiomatic French. They have all been well edited.'—*Glasgow Herald*, Sept. 14, 1893.

' These are excellent little plays in prose for reading in school, or privately. The plot is never intricate, turning mostly on some misunderstanding or matrimonial scheming, the result of which is sure to prove satisfactory to all concerned. But the plays are full of lightness and brightness ; the wit is sparkling and the language piquant. Nothing could be better for gaining a knowledge of the colloquial and idiomatic French of the present day. The notes generally succeed in elucidating grammatical constructions and peculiarities of language. The books are beautifully printed, are of convenient size, and sure to become popular with both pupil and master.'— *Academic Review.*

' They are issued in a cheap form, contain a well-printed text and correct and useful notes, and it would be difficult to find or wish for a more useful introduction and guide to French reading and conversation.—*The Schoolmaster.*

' Messrs. Hachette & Co. have just begun a work which should prove of great service to the student of the French stage. They are bringing out, under the title of " Théâtre Français," a series of pocket editions of popular French plays, admirably printed and carefully annotated.'—*Pall Mall Gazette.*

' . . . Each of these plays is excellently suited to this purpose. The notes supplied by the respective editors are clearly expressed, and it is one of their merits that they are not too numerous, but allow the pupil to use his own judgment and his dictionary. The volumes are of handy size, the type exceptionally clear and readable.'—*Glasgow Herald*, July 13, 1893

' Charming plays.'—*Scotsman.*

' . . . an admirable selection of French Plays.'—*Echo.*

' To students of the French language - who wish to attain colloquial fluency, these comedies should be of great service.'—*Dundee Advertiser.*

(*Le Major Cravachon; Le Baron de Fourchevif; Ma Fille et Mon Bien,* and *La Matinée d'une Étoile.*)—These, from their liveliness and idiomatic construction, form excellent reading books.' — *Manchester Guardian.*

. *La Cigale chez les Fourmis).*—'This charming comedietta is nothing but a trifle : it is a trifle at any rate exquisitely witty ; it can be acted by amateurs, there is not an objectionable word from beginning to end, and the English notes of M. Henri Testard are well calculated to make all allusions and idioms clear.'—*Sun.*

Lightning Source UK Ltd.
Milton Keynes UK
UKOW06f1820031215

264072UK00020B/1045/P

9 781330 853719